新科技

预测未来商业发展的51项领先技术

〔日〕齐田兴哉 著 | 陈 旭 译

中国出版集团
中 译 出 版 社

图书在版编目（C I P）数据

新科技 / (日) 齐田兴哉著 ; 陈旭译. -- 北京 : 中译出版社, 2023.7
ISBN 978-7-5001-7409-7

Ⅰ. ①新… Ⅱ. ①齐… ②陈… Ⅲ. ①科学技术一图解 Ⅳ. ①N64

中国国家版本馆CIP数据核字(2023)第075756号

Original Japanese edition staff
Illustration: fancomi
Art direction: Shingo Kitada (KITADA DESIGN Inc.)
Design: Shuta Hatanaka (KITADA DESIGN Inc.)
DTP: Tsuyoshi Morota (M&K)
Proofreading: PRESS Co., Ltd.

著作权合同登记号: 图字 01-2023-1720

新科技
XINKEJI

策划编辑: 费可心　　责任编辑: 张若琳
营销编辑: 白雪圆　喻林芳　　封面设计: 潘　峰

出版发行: 中译出版社
地　　址: 北京市西城区新街口外大街 28 号普天德胜科技园主楼 4 层
电　　话: (010)68005858, 68358224 (编辑部)
邮　　编: 100088
电子邮箱: book@ctph.com.cn
网　　址: http://www.ctph.com.cn

排　　版: 北京竹页文化传媒有限公司
印　　刷: 北京盛通印刷股份有限公司
经　　销: 新华书店
规　　格: 710 毫米 × 1000 毫米　1/16
印　　张: 17.25　　字　　数: 90 千字
版　　次: 2023 年 7 月第 1 版
印　　次: 2023 年 7 月第 1 次

ISBN 978-7-5001-7409-7　　定价: 69.00 元

前言

PREFACE

近年来，关于预测未来的书籍层出不穷。同时，科技正以惊人的速度飞速发展，而全世界以企业为单位的科技进步速度同样令人赞叹。

作为普通人，当我们接触到这些琳琅满目的报道时会满怀期待，也会感到不安和焦虑。它们与自己所处的行业有何关联？又会促成怎样的变化呢？或许你正想学习商务人士的素养、提高工作能力，并将这些知识运用到自己的职场中，才会入手本书。如果你还是学生，或许是为了学习和研究，也可能为了做好职业规划，才会选择本书。但无论如何，希望本书能在多方面为你提供帮助。

本书以《51 种商业的预测图鉴》（原书直译书名）为题，我精选了当前世界 51 种先进技术，并将探讨这些技术在未来如何发展，又将被应用于哪些商业领域。

当然，我并没有预测未来的超能力。因此本书涉及的内容或许能实现，也或许无法实现。我编写本书的目的并不是要准确预测未来，而是希望广大读者了解这些贴近现实又或愈加科幻的技术。不过我仍旧会根据当下商业环境，提出独家观点，畅谈这些技术未来发展的可能性。但这些技术究竟能否实现，又会发展出怎样的商业模式，却充满不确定性，还请各位读者多多包涵。

本书的写作目的正是帮助各位在商业领域取得成就。但为了吸引更多读者，我也加入了更加有趣的内容。关于这一方面，出版社的编辑和设计师也给了我极大的帮助。

下面请允许我做一个自我介绍。我在研究生阶段主攻核聚变领域，取得工科博士之后，我进入了航空航天科研机构 JAXA（日本宇宙航空研究开发机构）公司，参与过两个人造卫星开发项目。随后我又接连在日本综合研究所等企事业单位担任航天商务顾问的职务。目前我作为航天商务专家，关注各类技术，从事信息的发布和咨询工作。希望我的这些经验能对各位读者有所帮助。

齐田兴哉

目　录

2030 年—2040 年

2030 年—2050 年

2040 年

2040 年—2050 年

2050 年

2020年—2030年

1

人造流星，点亮绚烂夜空

现代的日本，每到夜晚街上便灯火通明。仰望夜空，我们难以寻觅一丝星光，更别提什么流星了。但在 21 世纪 20 年代，人造流星即将诞生。到 2030 年，不论何时何地我们都能看到流星划破夜空。

利用卫星制造人造流星

人类已经能够制作用于观赏的人造流星了，一个梦幻的时代即将到来。

【工序 1】宇宙中的卫星向地球发射某种物质。

【工序 2】该物质进入大气层后，通过气动加热[①]现象发光。即物体在等离子状态下发光。在地球上观测，就好像真的流星一样。

人造流星拥有自然流星所不具备的优势。首先，人造流星的位置、方向、速度可控，所以比天然流星的观测时间更长；其次，可以根据喜好使用不同的物质制造出白、粉、绿、蓝、橘黄等各种颜色的流星[②]。

制造流星所使用的卫星将会被发射向“近地轨道”。如果这种卫星越来越多，那么日本上空很可能也会有一颗人造卫星。这样一来，我们就都在任何时候能看到人造流星了。日本航天风投公司 ALE 已经发射了一枚用于制造人工流星的卫星，正准备将人造流星项目推向商业化阶段。

---

① 物体在气体中以超声速移动时，物体前端被空气压缩，从而发出高温的现象。——原注，下同

② 人造流星的不同颜色通过焰色反应实现。这是初中时学习的理论，即所谓“钾紫钠黄锂紫红；铜绿钙橙锶洋红”。

人造流星——灿烂如烟火的商业模式

制造人造流星的企业需要向人造流星专用卫星厂商购买卫星，并让对方利用火箭发射卫星。同时，制造人造流星的企业也可以自主开发和生产专用卫星。

人造流星将投放至下述市场。

◎ 娱乐

人造流星的商业模式与烟火十分相似。我们可以参考烟火的商业模式预测一下人造流星的商业化。开办烟火大会的地方政府、主题公园、棒球场的管理公司可以要求人造流星公司在“几点几分发射人造流星”。另外，受新冠疫情影响，日本全国各地的烟火大会被迫中止，因此厂商开始推出面向个人的烟火业务，而人造流星企业也可以推出面向普通家庭、情侣的业务。

◎ 人造流星竞技大赛

如果有大量人造流星企业，那么人造流星的观感也会变得如同烟火的观感表现一样重要。比如秋田县的大曲市和茨城县的土浦市都有烟火竞技大赛[①]，我们也可以举办人造流星大赛，比一比谁的流星更漂亮。或许获奖公司的订单量会大幅增加。

① 烟火竞技大赛会根据烟火的“高度”“直径”“圆度”和“湮灭时机”进行评审。

同时，社会上还可能出现一种和烟火师相近的职业——“人造流星技师”。

ALE公司[①]正在为产品商业化做准备，或许在2030年前，人造流星就会正式问世。而到了2030年以后，人们或许就能随时随地地看到流星了。因为人造流星本体以及人造流星的发射装置都在不断优化，VE（Value Engineering）也在不断进步，人造流星整体成本也在逐步降低。并且，人们不断积累人造流星的相关技巧，随着人造流星、卫星形成的星座（大规模卫星群）的出现，人造流星将会朝着高科技娱乐化方向发展。人造流星或许会成为一种不亚于烟火竞技大赛的大型商业娱乐项目。

① ALE公司：全称Astro Live Experiences，总部位于日本东京。——编者注

人造流星

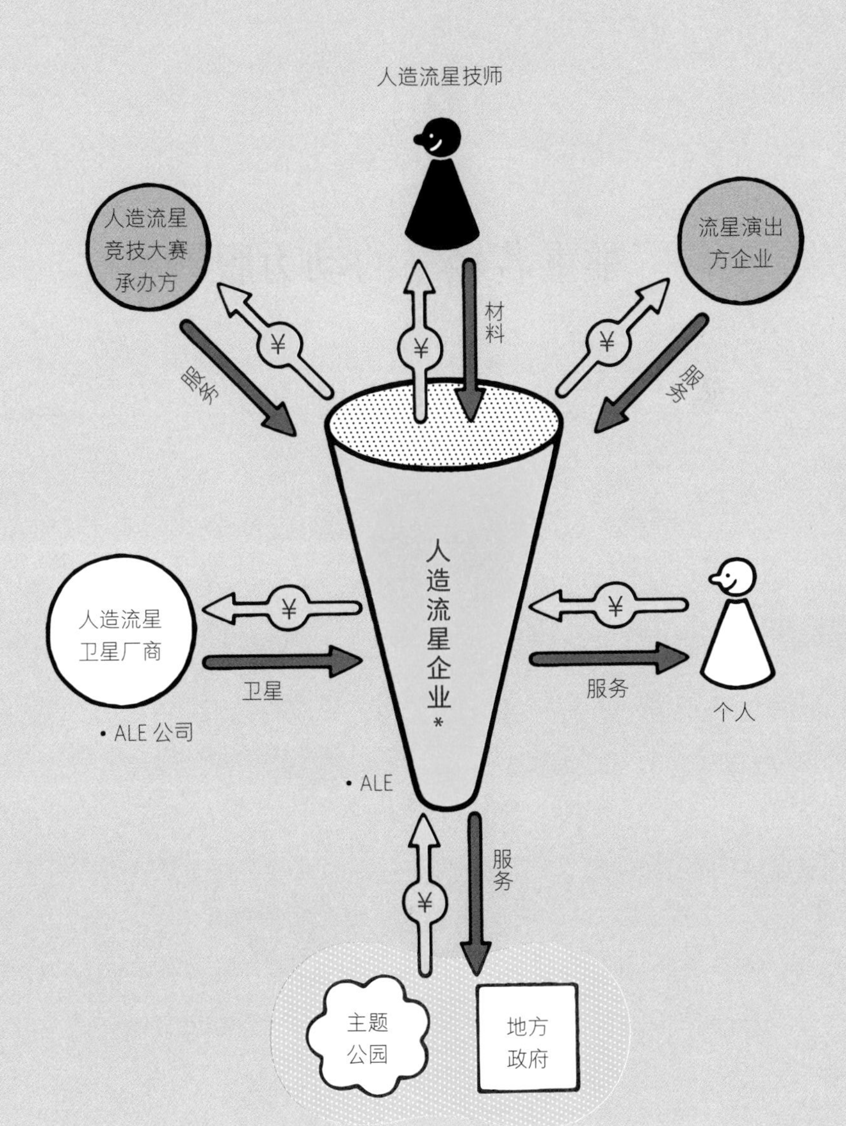

* 正处于寻找合作的卫星厂商中

| 2 |

“举重若轻”的动力服

未来，动力服将会变得更加轻便，甚至可以看作使用者身体的一部分，辅助力也会进一步提高。或许 10—20 年后，这一技术将引发重体力劳动行业的剧变。

动力服的动力来自电动致动器和人造肌肉

动力服也被称为“辅助服”或“动力辅助服”。经常被应用于医疗、养老、物流和运输行业，能在很多场景下为人们提供便利，比如为护工提供辅助或帮助人们搬运重物等。使用动力服可以大大缩短工作时间，并提高工作安全性。

动力服的动力源包括电动致动器①和人造肌肉②等。动力服主要分为两大类，一种是类似衣服的穿戴式动力服，另一种则是外骨骼式动力服。2021年，市面上已经出现了能举起20千克重物的动力服。这种动力服的辅助力已经比上一代产品提高了10%—20%。日本的INNOPHYS、CYBERDYNE、ATOUN等公司正在研发动力服并致力于动力服商业化。

未来，动力服将朝着小型化、轻量化的方向发展，同时辅助力也会逐步提高。

---

① 将电力动力源和机械部件组合起来，进行机械传动的装置。

② 这是工程学上模仿活体肌肉组织的一种致动器。人工肌肉有压电式、形状记忆合金式、静电式、压缩空气式等类型，主要由合成树脂等高分子材料制造。

女性和中老年人也能参与重体力劳动

动力服将向物流、工场、建筑、土木、农业、医护等重体力劳动行业拓展市场。

◎ 物流、工场、建筑、土木、农业

船舶运输往往使用大型集装箱，其中的货物需要人力转运，每位工人每天的搬运量能达到数吨，这对工人身体（尤其是腰部）造成的负担难以想象。因此低价动力服亟待向运输、土木、农业等领域普及。

◎ 医疗、护理

动力服还能帮助被护理人员自理以及辅助护工提供看护服务。如后遗症复健、防治老年衰弱症[①]等。职业滑雪运动员三浦雄一郎也在使用 CYBERDYNE 的“HAL”动力服进行复健。动力服复健的效果十分显著，恢复健康的三浦被任命为东京奥运会富士山区第五棒火炬手。

◎ 娱乐、体育

动力服还能用来拍摄不使用 CG 动画的特摄剧[②]。让演员穿

---

① 随着年龄增长，人体运动、认知功能下降，导致老年人生活障碍，身心状况呈现脆弱性。

② 狭义上的特摄剧，现今专指用特摄技术拍摄出来的日本影视剧。——译者注（以下无特殊标明均为译者注）

上动力服，就能轻松拍摄演员举起巨大道具的画面了。同时，在体育领域，动力服还能帮助举重运动员校正举重姿势。

如上所述，动力服的销售形式主要为B2B。但可以预见的是，今后将进一步渗透进B2C（普通家庭）市场。普通家庭可以给腿脚不好的老年人购买动力服，这样他们自己就能搬家、更换房间布置等。

动力服正从以风险投资为中心的开发实证阶段向实用阶段过渡。现在动力服的平均价格不到100万日元[①]，也有每月20万日元的包月服务模式。今后，随着批量生产的推进，动力服的价格将进一步降低，随着技术的发展，市场也将进一步扩大。届时除了B2B，动力服还会逐步打入B2C市场。除了购买模式，租赁、分期、包月等商业模式也将逐步完善，并成为进一步拓展市场的推动力。

实现这些目标或许需要花费10—20年。随着动力服的普及，任何人都能轻松地从事重体力劳动，因此女性和中老年人也将逐渐参与体力劳动市场。

---

① 100万日元约等于5.25万元人民币（100日元≈5.25元人民币），数据为2023年3月24日。——编者注

动　力　服

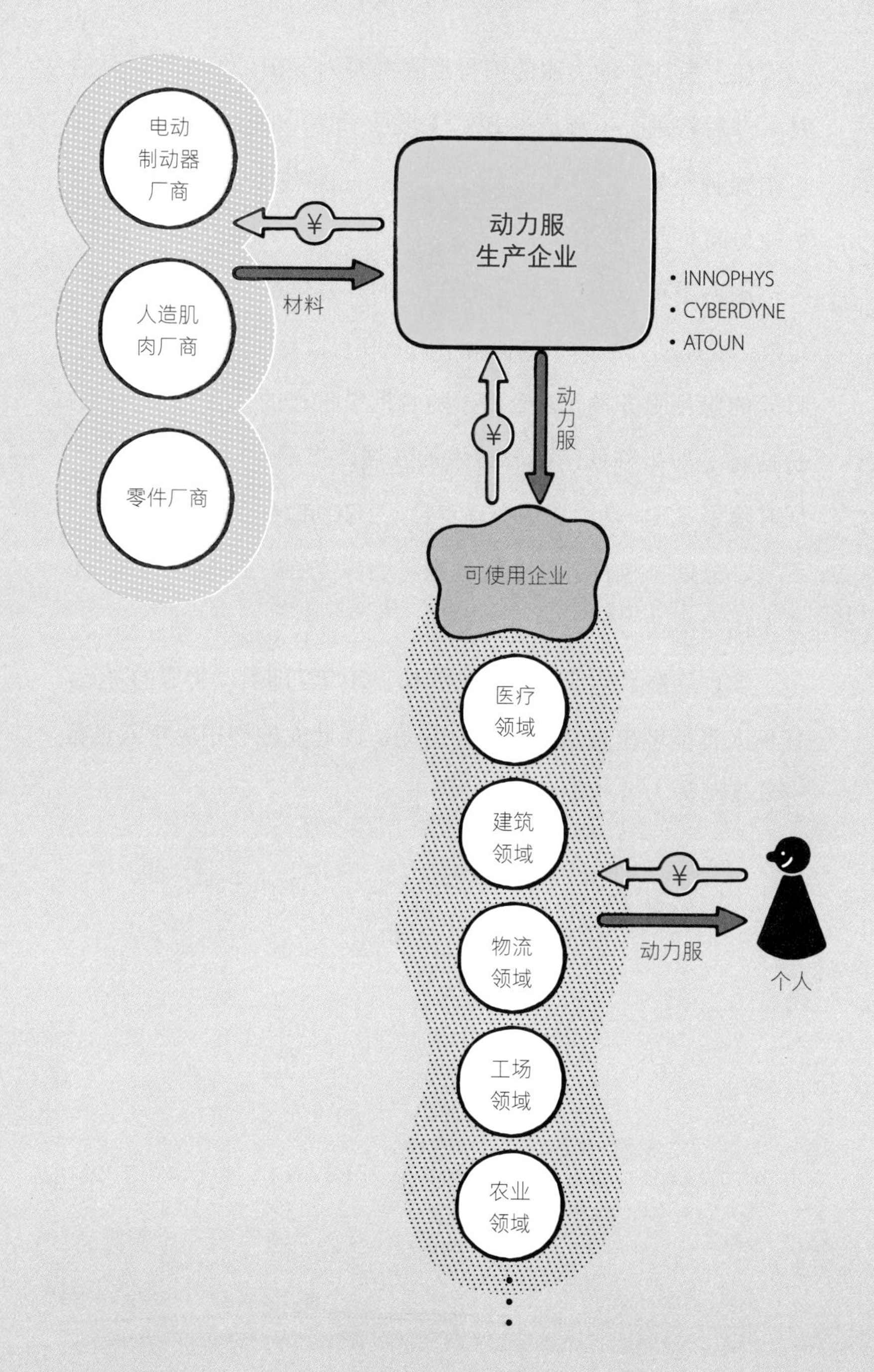

电动
制动器
厂商
¥
动力服
生产企业
材料
人造肌
肉厂商
• INNOPHYS
• CYBERDYNE
• ATOUN
¥
动
力
服
零件厂商
可使用企业
医疗
领域
建筑
领域
¥
物流
领域
动力服
个人
工场
领域
农业
领域

| 3 |

无关品位！AI 帮你挑衣服

近九成 20—40 岁的女性都在挑选服装[①]方面有过失败经历，但这种烦恼已经成为“过去式”。运用 AI[②]和 VR[③]技术，可以让你不再为挑衣服发愁。

① 信息来自以 20—40 岁的女性为对象进行的问卷调查（2020 年，ACB）。
② AI 是 Artificial Intelligence 的缩写。AI 技术是一种人工再现人类各种知觉和智慧的技术。
③ VR 是 Virtual Reality 的缩写。指虚拟现实技术，意思是通过 VR 获得接近真实的体验。

AI + VR，从此不再“挑花眼”

不只是女性，就连男同胞们也都有过挑错衣服或者为了挑选合适的衣服而浪费大量时间的烦恼。但若干年后，人们就能通过 AI 和 VR 技术准确无误地选到最合适的衣服。

到那时，服装店内会安装搭载摄像头的显示器，顾客只要站在显示器前，就能测量出脸型、身高、腿和胳膊的长度以及体型等参数。由于已经将很多人的身体数据进行了大数据化，所以可以通过 AI 为人们推荐多种穿搭方案。而且，顾客在显示器前可以模拟试穿服装。这样就无须再为想要试穿衣服，而去寻找店员，更没必要特意去试衣间。目前 Nextsystem、乐天技术研究所和 Zootie 已经共同提供了模拟试穿服务。

除服装之外，AI 和 VR 技术同样能帮助人们“试穿试戴”鞋子、手表和箱包。提供手表租赁服务的 NANASHI 公司推出了一项名为 KARITOKE 的高级腕表 VR 试戴服务。而皮具品牌 objcts.io 则开发出了 VR 箱包试用服务。

虽然不能摸到实物，很难感受到皮料的质感，但这也不是问题。东京大学校办风投企业 Sapeet 正在开发一种新兴技术，即给用户等身虚拟替身穿上衣服，通过热图确认手臂、腹部等部位的松紧度。

足不出户享受购物的乐趣

服装店可以同时开设“实体店”和“虚拟店”，或许虚拟店的顾客比实体店还要多。比如 Psychic VR Lab 的 STYLY、阿里巴巴的 BUY+、亚马逊的 VR 购物、S-cubism 的 EC-ORANGE VR、Hacosco 的 VR for EC、eBay 的 VR 百货商店，KABUKI 的 KABUKI pedia 以及 HIKKY 等，都在利用虚拟空间销售商品。顾客无须到店铺购物，在家就能试穿衣服。顾客在家先穿上为了准确测量尺寸而开发的测量套装，或者使用手机相机和应用程序自拍，以测量体型和尺码。这个应用程序不仅能记录用户的身体特征，还能保存五官、表情、气氛、印象、心情等数据。因此可以根据不同的场景，为用户推荐合适的衣服、鞋子、手表、箱包等。

另外，用户还可以跟手机软件搭载的 AI 沟通，同时听取 AI 的时尚穿搭建议。用户可以参考名人穿搭，或者根据价格“量体裁衣”，挑选各个品牌的服装。

我们甚至设想过，未来人们可能不再需要经常购买服装。因为日本约有四成人口住在公寓等集体住宅里。近年来，公寓的收纳空间越来越小，储物空间甚至不够收纳四季的衣服。而寄存服务和仓储服务的费用非常高。如果今后人们不再购买服装，而选择租赁服装的话，一方面能以低廉价格租到服装，另一方面也能多尝试几套搭配（当然内衣除外）。

2021年，airCloset、stripe-intl旗下的“mechchari”、grandgress旗下的“Rcawaii”都推出了服装租赁服务。这些服务主要是根据用户的喜好、体型、穿着场景等要求，由专业的造型师来推荐服装。但是，在未来运用上述AI和VR技术，根据TPO原则推荐穿搭的租赁业务或将成为主流，因为AI+VR服装挑选服务已经成功落地，或许其他配套服务也会很快得到普及。

时 尚 科 技

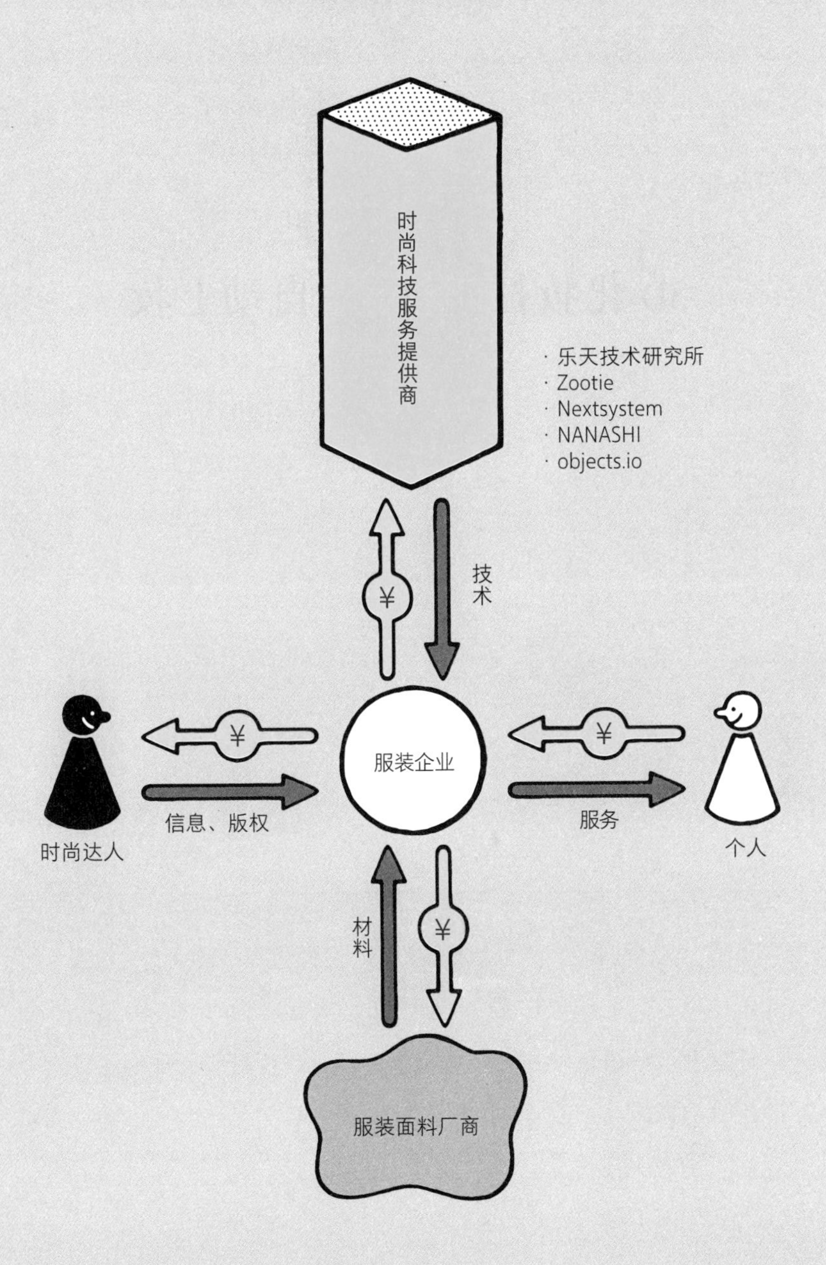

时尚科技服务提供商
· 乐天技术研究所
· Zootie
· Nextsystem
· NANASHI
· objects.io
¥
技术
时尚达人
¥
信息、版权
服装企业
¥
服务
个人
材料
¥
服装面料厂商

| 4 |

3D 化妆打印机：全自动上妆

“没时间化妆”“化妆好麻烦”或者“眼线画不好”“盖不住毛孔、皱纹、斑痕”，无论你是懒得化妆的“小懒虫”，还是喜欢钻研化妆的“技术狂人”，3D 化妆打印机都能给你带来福音。

科技帮你玩转百变妆容

未来，我们只需使用3D化妆打印设备，就能轻松模仿艺术家、女明星的美丽妆容。首先在Instagram等社交媒体或网上选择喜欢的照片，随后将照片导入专用手机软件，再放大照片中的妆容部分，最后用专用3D打印机进行化妆。专用3D打印机并不使用墨盒，而是会“吐出”一张用化妆粉打印的纸。平均每张纸的打印时间仅需15秒。之后，我们就可以用手指把化妆粉涂在脸上，轻松化妆。据了解，这种化妆粉能够再现1 670万种颜色。

美国Mink公司已经开始销售旗下的化妆打印机“Mink Printer”。Mink Printer采用的化妆粉是美国食品药品监督管理局（FDA）认证的产品，因此安全性与普通化妆品无异。

另外松下开发了打印后粘贴的“化妆贴”，宝洁开发了名为“Opte Precision Skincare System”的便携喷墨化妆打印机。Opte可以自动扫描皮肤，只在有斑点、暗沉、粉刺、伤口、红斑等问题的部位喷涂遮瑕膏。其原理是，先通过LED光线照射面部皮肤，同时用相机进行高速拍摄，检测出皮肤表面的斑点后，喷嘴会针对斑点喷射微粒子专用遮瑕膏。

另外，还有一款只要用户把脸凑过去就能完成上妆的化妆打印机。瑞典一家专门从事护肤品开发的FOREO公司近期推出了一款名为“MODATM”的3D化妆打印机。配套的手机软件会推送明星、艺人的潮流妆容，用户可以从中选择喜欢的妆容，随后将自己的脸凑近化妆打印机就能完成理想的全妆。据说完成的时间只需 30 秒。另外，这种化妆打印机还使用了“3D 面部扫描系统”，可以利用面部映射软件和活体检测透镜分析用户的脸型。通过这项技术，用户可以打造完美妆容，而无须担心位置偏差和涂抹不匀。另外，这种化妆打印机对敏感肌也十分友好。

足不出户享受购物的乐趣

◎ 化妆家电

化妆打印机也可发展成一般家用电器。如今不仅是女性，很多男性也养成了化妆的习惯。AI 可以根据用户心情或者日程安排，为其搭配合理的妆容。

◎ 护肤家电

目前已经有能检测用户肤质和皱纹情况并推荐合适妆容的化妆打印机。同时，为了倡导用户科学护肤，化妆打印机也开始在抗衰老领域崭露头角。

◎ 新型化妆教学

化妆课程学员们可以利用虚拟化妆和化妆模拟工具等数字技术磨炼化妆技巧。今后，化妆技术培训班除了要向学员传授化妆技巧，还需要教会他们如何运用数字技术，因此授课内容更接近于计算机培训班和设计培训班。

◎ 艺术、戏剧

艺术、戏剧领域自然少不了化妆。若演员能在幕后短时完成上妆，对演出效果必然大有助益。

化妆打印机等数字化妆设备正在不断普及，也积累了不少案例，服务定制化属性越来越强，服务质量也在不断提高，同时这一技术也正朝着高产量低成本的方向发展。在价格方面，由于这项技术起初主打高端市场，因此价格偏高，但相信将来的价格也会逐渐回落到普通家庭能够接受的水平。

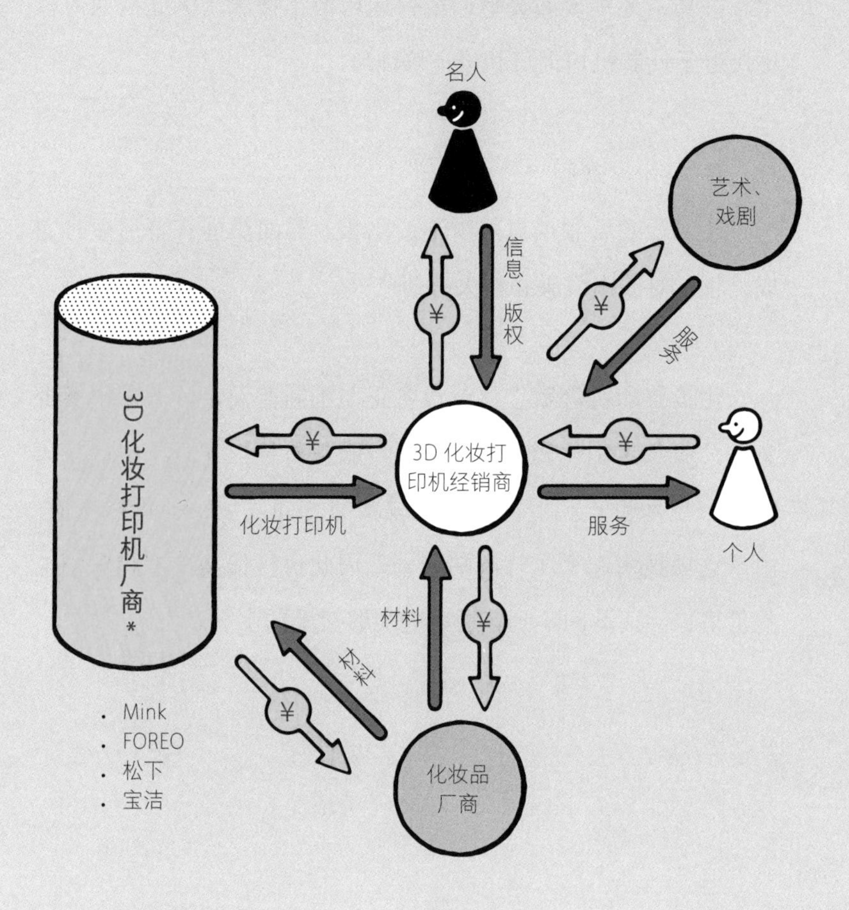

* 也有产销结合的化妆打印机厂商

2030年

| 5 |

AI 预测犯罪

AI 预测犯罪——创造一个人人可以安居乐业的未来。

图像识别 AI + 特殊算法锁定罪犯

下面介绍一下目前的犯罪预测案例。犯罪预测的关键技术是“图像识别 AI”[①] 以及“特殊算法”。

可疑分子和普通人相比，表情和动作必然有所不同。因此，我们使用防盗摄像头实时拍摄，并配合 AI 进行分析，便可锁定可疑分子。肉眼对于微小变化的识别能力极其有限。但图像识别 AI 则能捕捉图像的细微变化，同时，一旦锁定可疑分子，摄像头还会发出声音提醒，或发射强光照射，让对方“知难而退”。

日本电气（NEC）和富士通等公司目前已经掌握了利用 AI 技术和防盗摄像头实时监控可疑分子的技术。还有一些企业拥有通过画面中可疑分子的肢体动作分析对方精神状态，并将其可视化的技术。

另外，日本 Singular Perturbations 公司独立研发了全世界精确度最高的犯罪预测算法。它们运用这种算法，为国内外警察、谍报机关开发了一款犯罪预测软件“CRIME NABI”。CRIME NABI 搭载的系统能够预测犯罪分子会在何时何地实施犯罪活动，而其搭载的 AI 已经获取专利。CRIME NABI 中已经被导入了包括以往犯罪信息、城市信息（何地发生何种

① 图像识别 AI 也被用于以下场景：2017 年，谷歌的 AI 分析了 NASA 太空望远镜观测到的庞大数据，发现了新的太阳系外行星。这是 AI 发现的第一颗行星。

犯罪活动）、地理信息（经纬度、海拔等）等。CRIME NABI会根据这些时间信息和空间信息来达到预测犯罪的可视化。犯罪概率会在地图上以热力图的形式展现，绿色区域表示安全，橙色则表示危险，“↑”表示实际发生过犯罪活动的地点。同时，地图上已经标注了最佳警备路线，方便警察和市政当局安排巡逻。

“防止犯罪”也是一种新的商业模式

犯罪预测业务将成为前所未有的新商业模式。提供犯罪预测服务的企业利用 AI 和分析算法开发系统，可以向以下市场销售犯罪预测系统或提供服务。

◎ 市政当局、事业单位

向学校、市政当局、警察局等事业单位销售犯罪预测系统，并承担售后维护、管理任务。另外，也有不销售系统而提供服务的商业模式，即利用已经安装的街道防盗摄像头，提供侦测可疑分子的服务。Singular Perturbations 公司在东京足立区进行了犯罪预测应用程序“Patrol Community”的测试。据说搭载了犯罪预测软件的蓝色防盗巡逻车在巡逻中逮捕了公然猥亵的犯罪分子。

◎ 零售业、便利店

超市和便利店也同样需要购买犯罪预测系统并接受系统维护管理、应用指导服务。犯罪预测系统可以分析顾客进入商店前的举动，还可以分析店内的监控录像，用于防盗和捕获盗窃犯。

◎ 金融机构

近年来，日本银行抢劫案发案率逐年降低，但运钞过程仍旧充满挑战。如果妥善利用这个系统，就可以做到预防犯罪。

◎ 警备、安保公司

大型活动的警备人员和重要人物的保镖、警卫等都可以利用这个系统，做到事先采取行动预防犯罪。

随着犯罪预测系统的实际成果不断积累，它的必要性和重要性也逐渐被世人认可。相信不久之后，大量类似产品即将涌入市场。

预测犯罪

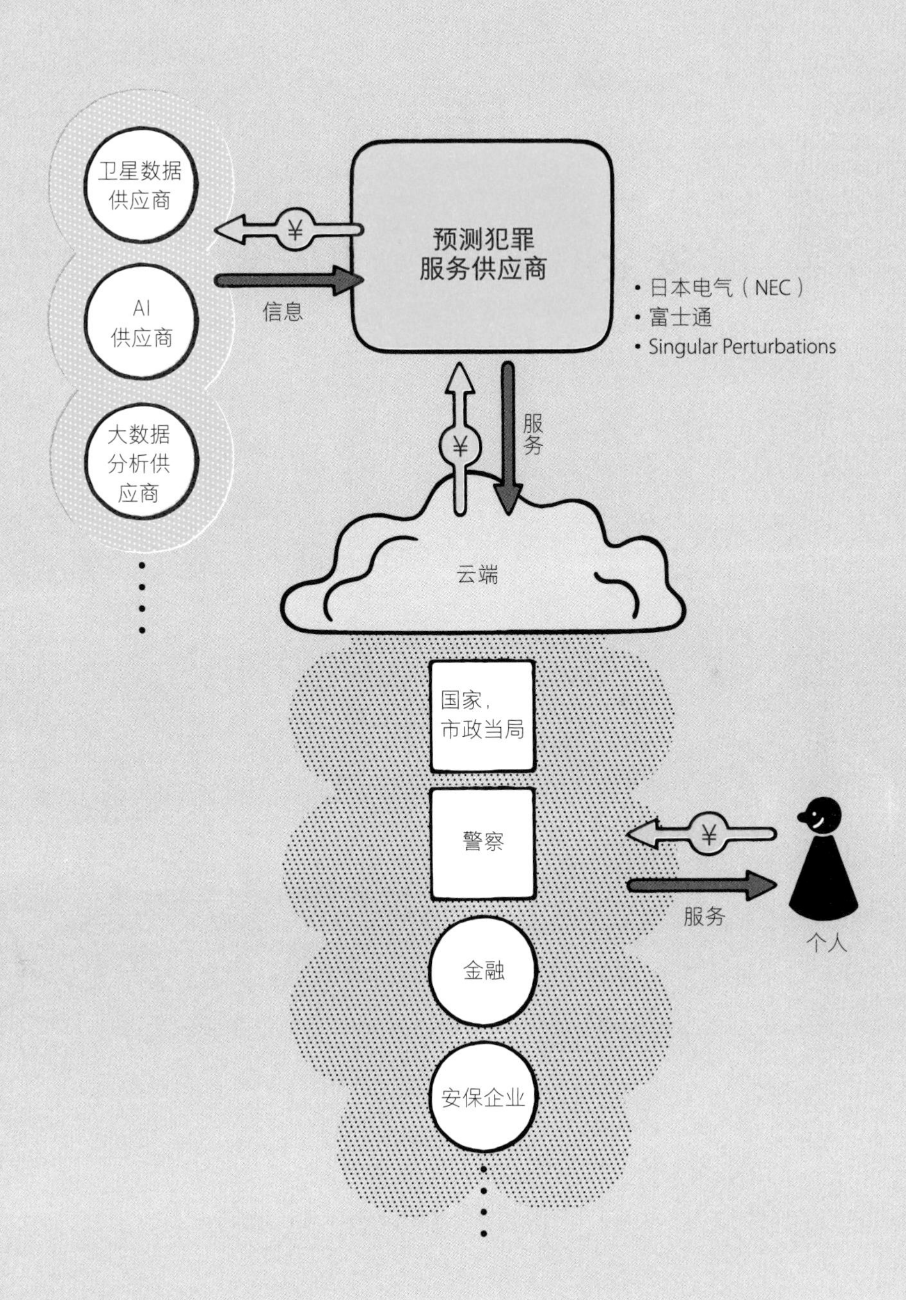

卫星数据供应商
AI供应商
大数据分析供应商
¥
信息
预测犯罪服务供应商
• 日本电气（NEC）
• 富士通
• Singular Perturbations
¥
服务
云端
国家，市政当局
警察
金融
安保企业
¥
服务
个人

| 6 |

安全计算守护信息安全

安全计算普及之后，人们就能在保障安全的同时传递机密信息了。未来，安全计算可以保护个人隐私和企业的商业机密。

加密与信息分割、分散处理技术是安全计算的关键

安全计算能守护我们的隐私，让我们未来的生活更加安全。安全计算也被称为隐私计算，英文是 Secure Computing。首先，让我们来了解一下普通计算和安全计算的差距。普通计算会先将加密数据解密，随后进行分析。但安全计算技术则能保持数据加密状态（即内容尚不能被解读的状态）下分析数据。这项技术对于那些将用户隐私视为生命的企业来说意义重大。在日本，日本电气（NEC）、NTT 通信、Digital Garage、Zenmu-Tech、ACompany、EAGLYS 等企业正在着手开发这项技术。

安全计算技术有以下两大类别：

◎ 秘密分散 + MPC (Multi-Party Computation)

秘密分散即将原本的数据分成若干个片段（share），将数据打成一堆乱码。由于数据片段无法体现元数据的信息，所以即便部分数据片段不小心被泄露，别人也无法解析数据内容。另外，只有凑齐所有数据片段，才能复原原始数据。

MPC 就是将加密后的数据分散到几个服务器上，然后在多个服务器之间进行通信，同时进行相同的计算，将计算的结果

进行整合的技术[1]。虽然MPC比单台计算速度略低，但由于可以在保持数据秘密分散状态的同时进行计算，所以有提高数据安全性的优势。

◎ 全同态加密

全同态加密是一种新型加密方式，支持直接验算加密数据，保证解开密码后得到的数据与未加密数据的运算结果相同。解码数据可能造成信息泄露，而使用全同态加密就可以避免这种危险。

向金融、医疗领域进发

安全计算研发企业以包月形式，向以下行业提供云端服务。

◎ 制造业、研究型单位

在云端管理技术知识、专利信息、图纸等数据时，安全计

---

① 20世纪80年代，基于MPC的安全计算的研究开始启动，但因为需要挤占大量计算资源，所以无法实用。但近年来由于计算资源的低成本化和云端数据技术的普及，这一困境也得到了一定程度的改善。

算将大显身手。另外，安全计算也可以辅助工场与研发单位共享信息。

◎ 医疗

安全计算可以在保护患者隐私的同时，传递各家医院的医疗数据。

◎ 金融

金融机构可以使用安全计算技术对客户的资产状况、存款、贷款等信息进行管理。另外，还可以防止非法集资等犯罪行为。有报道称，EAGLYS 正在利用安全计算技术对 JR 东日本的交通 IC 卡“Suica”进行数据分析。

◎ 安保

安全计算将用于活体检测（面部特征、指纹、脉搏等）时提取的生物信息存储在云端，在确保安全的前提下进行管理、分析和比对。

Digital Garage 等公司成立了“安全计算研究会”，它们正在制定安全计算技术评价标准。ACompany 与名古屋大学医学部附属医院正在开展安全计算的共同研究。NTT 通信已经开始提供云端安全计算服务“析秘”。鉴于该领域各大企业的近期动向，可以预想到，今后安全计算技术的应用案例将会越来越多，并逐渐普及，价格区间也会趋于合理。到时候，安全计算就会像杀毒软件一样，人人都买得起、用得上。

安全计算

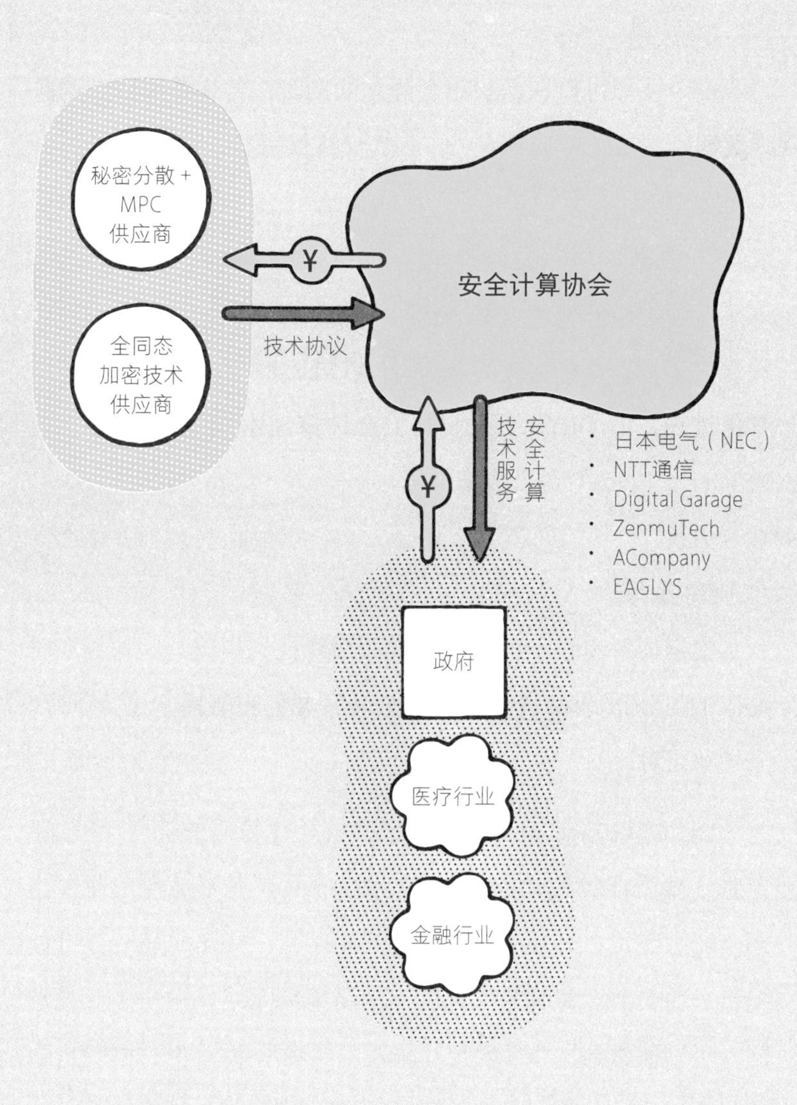

秘密分散 +
MPC
供应商
全同态
加密技术
供应商
¥
技术协议
安全计算协会
¥
技术服务
安全计算
· 日本电气（NEC）
· NTT通信
· Digital Garage
· ZenmuTech
· ACompany
· EAGLYS
政府
医疗行业
金融行业

7

量子加密通信：信息加密

上一节介绍的安全计算支持计算加密状态的数据，而本节将介绍的“量子加密通信”则是一种量子密钥传输服务。在这个信息时代，信息加密技术将会发挥更大的作用。

量子加密通信：用量子信道加密信息

今后人们将使用量子信道传递隐秘性较高的信息。下面我来介绍一下这项技术的背景。密码技术是防止信息被篡改和窃听的重要技术。在一般的加密通信中，信息发送方用密钥（根据某种加密形式对信息进行加密的方式、协议）对发送的信息进行加密。接收方使用相同的密钥进行解码（解开密码），还原并提取信息。

另外，量子信道即只支持使用密钥传输信息的“量子通道”①。这种量子密钥的传递技术被称为 QKD（量子密钥分发，Quantum Key Distribution）技术。QKD 有利用地面光纤网络②传输和利用宇宙卫星传输共两种形式。后者是通过光子（激光）从搭载在宇宙卫星上的量子密钥传送装置发送密码密钥，光子穿过大气层不容易衰减，而且传输距离也可以扩大到 1 000km。缺点是，由于卫星以高速绕地球旋转，通信时间有限。目前日本总务省、NICT、中国③、意大利、德国、西班牙、奥地利、加拿大等国家正在进行基于卫星的量子密钥传递 QKD 技术试验。

---

① 以量子力学为技术，运用光子技术传递信息。每个光子各自携带信息，往返于发送方和接收方之间，并生成密钥。

② 量子加密通信面临的主要问题是，由于光子其实十分微弱，如果使用地面光纤网络发送和接收光子的话，由于光纤的传输损耗光子会衰减。东芝将于 2021 年 6 月实现 600km 的传输距离。

③ 据人民网日文版报道，2020 年 6 月，中国科学技术大学在世界首颗量子科学实验卫星“墨子”上实现了 1 120km 距离的量子加密通信。

目前已经投产的量子加密通信系统由复杂的光电路构成，拟用于需要复杂系统架构的金融领域和医疗领域。今后，为了将这一技术拓展到其他领域，例如工厂之间的信息交换等，我们需要在系统的小型化、轻量化、低耗电化方面继续深耕。2021 年 10 月，东芝开发出了取代传统光学部件的光集成电路化“量子发送芯片”“量子接收芯片”“量子随机数发生芯片”，并成功验证了搭载上述芯片的“芯片级量子加密通信系统”的功能。

量子密码：处理高隐秘性信息

量子加密通可以服务于高隐秘性信息的传递。开发和制造量子加密通信系统的企业处于垄断状态，它们不仅要销售该通信系统，还要负责 QKD 系统的维护和管理。

◎ 军事、国防

相关企业向政府提供量子加密通信系统，并负责 QKD 系统的维护和管理。另外，量子加密通信也将普及到警察局等单位。

◎ 金融机构

金融行业在接收和发送资金结算信息以及顾客的秘密信息时，必须防止信息被篡改或系统遭遇非法侵入，美国金融业对这类服务的需求非常强烈。

◎ 医疗机构

医疗机构处理的信息隐秘性很高，包括个人信息、诊断结果、遗传信息等。当多个医疗机构共享信息时，量子加密通信将发挥极大的作用。2021 年东芝、东北大学 The Tohoku Medical Megabank、东北大学医院、信息通信研究机构 NICT 联合开发了结合量子加密通信和安全计算技术（见前文）的“数据分散保管技术”。该技术可将海量基因组分析数据（约 80GB）分散在多个站点安全备份、保存。

从以往经验来看，政府往往会先在军事和国防方面投入资金，推进技术开发，随后该技术逐渐渗透到下沉市场。鉴于东芝等公司的计划，到 2025 年为止，量子加密通信技术将以金融、医疗为主要市场，到 2035 年会逐渐拓展到其他领域。预计利用卫星的量子加密通信技术经过政府应用验证后，也将逐步普及。

量子加密通信

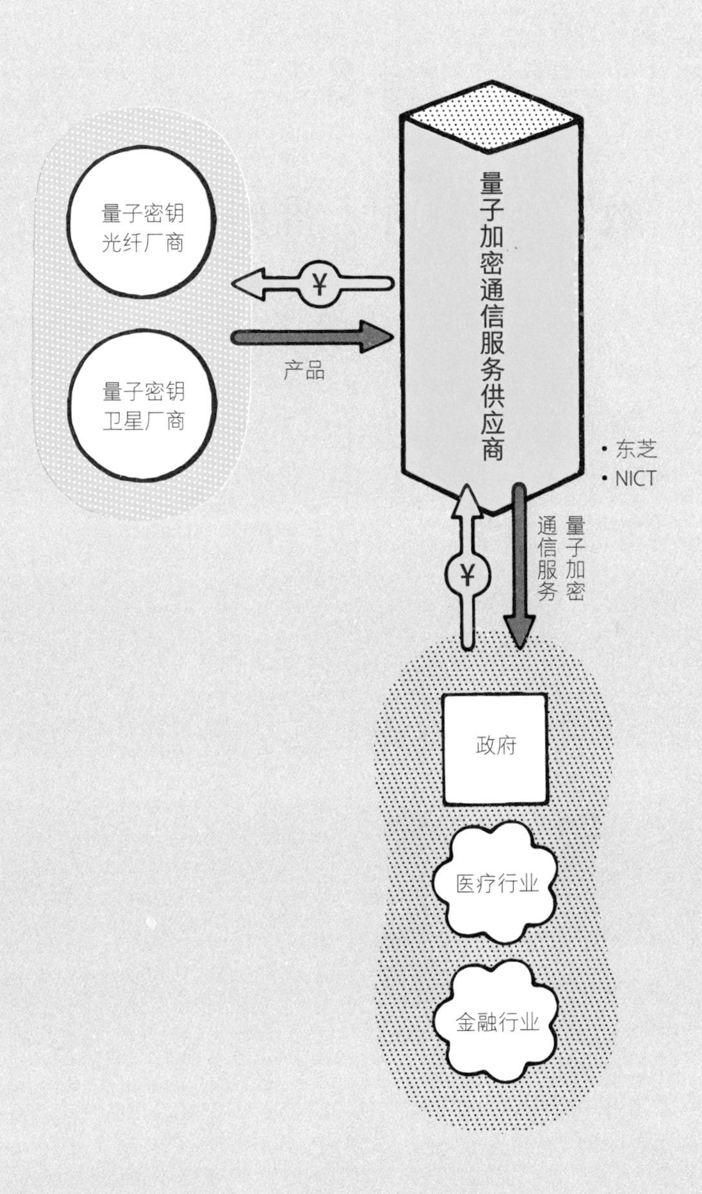

量子密钥
光纤厂商
量子密钥
卫星厂商
¥
产品
量子加密通信服务供应商
• 东芝
• NICT
¥
量子加密
通信服务
政府
医疗行业
金融行业

| 8 |

数字孪生技术，准确预测未来

“数字孪生”是一种在虚拟空间再现真实世界的技术。预计 2030 年起运用数字孪生技术，人们将能够准确预测任何现象。

数字孪生依托卫星图像、AI 和 3DCG

数字孪生是一种收集现实空间的信息，再结合这些信息重构虚拟世界的技术。换句话说，就是用现实世界的原始数据，在虚拟空间再现一个无限接近现实的平行世界。使用数字孪生技术，我们就能在虚拟世界模拟现实世界发生的一切。

日本创新企业 Space Data 计划将卫星图像、AI 和 3DCG[①]技术相结合，并创造出全球规模的虚拟空间。而且，这个虚拟空间并非人工生成，而是通过 AI 自动生成的。首先让 AI 学习庞大的卫星图像，理解地球的地理空间信息，用 3DCG 技术在虚拟空间创造另一个“地球”。通过机器学习卫星图像（静止图像）和海拔数据，让 AI 自动生成地面的 3D 模型，通过 3DCG 技术，还能自动再现石头、铁、植物、玻璃等精细材质。

美国创新企业 Symmetry Dimensions 利用其技术平台，整合了城市人流、交通、物联网等数据，提供了一项方便所有人使用的数字孪生服务。通过互联网上的开放数据和各企业提供的 API[②]，每个人都有机会构建一个符合自己所处领域的数字孪生世界。

---

① 3DCG 全称为 3D Computer Graphics，指三维计算机图形。

② API 是指将软件或应用程序等的一部分对外公开，与他人开发的软件共享功能的接口。

运用数字孪生技术，在虚拟空间“为所欲为”

数字孪生技术可以超高速处理、分析信息，并对信息进行可视化处理。同时，这项技术也能实时反映虚拟世界的现状并预测未来。

使用数字孪生技术，可以根据真实存在的城市、地区构建虚拟空间。比如“企业业务拓展虚拟空间”“年轻人的虚拟空间”“好友群虚拟空间”“社交媒体专用虚拟空间”“联机游戏专用虚拟空间”“美食咨询虚拟空间”等，只有你想不到的，没有它做不到的。

社交媒体也将转移到虚拟空间。例如，可以将好吃的店和社交 App 上的美照在虚拟空间上标记并共享。另外，我们还可以在虚拟空间玩游戏。就像任天堂的游戏《斯普拉遁》[①] 一样，即便破坏或者弄脏了虚拟空间的建筑物，也不会对现实造成影响。目前，人们的社交已经从平面媒体（博客、社交媒体等）发展到了视频（Youtube 等），未来虚拟空间将成为社交媒体的主战场。

此外，从汽车培训、飞机驾驶训练、学校和企业的逃生演习到大规模军事演习，都可以在虚拟空间进行。今后，与虚拟空间配套的体感设备也会逐步完善，让人更有真实感。

---

① 任天堂旗下一款联机对战游戏，目前为 NS 游戏机独占游戏。玩家在游戏中将进行 4 对 4 的团体战，并以在 3 分钟内将墨汁涂抹最多面积或占地最多为目标。

或许今后我们还能看到自己周围（数百米左右）的天气预报！另外数字孪生技术还能帮助我们预测当地交通情况、停车场空位情况等。此外，这项技术还能根据各国首脑讲话内容，在虚拟空间预测股市走向。

虚拟空间潜力无限，但想要让项目成功落地，我们还要依靠输入数据的收集方法、质量、精度、数量，以及最重要的分析、解析技术、可视化技术等。截至 2021 年，东京已经有企业开始启动数字孪生项目，预计 2030 年项目落地。想要让所有数字孪生项目成功落地，科创公司还需要与虚拟空间构筑企业强强联手，因此要等到 2030—2040 年，数字孪生技术才会真正进入应用阶段。

数字孪生

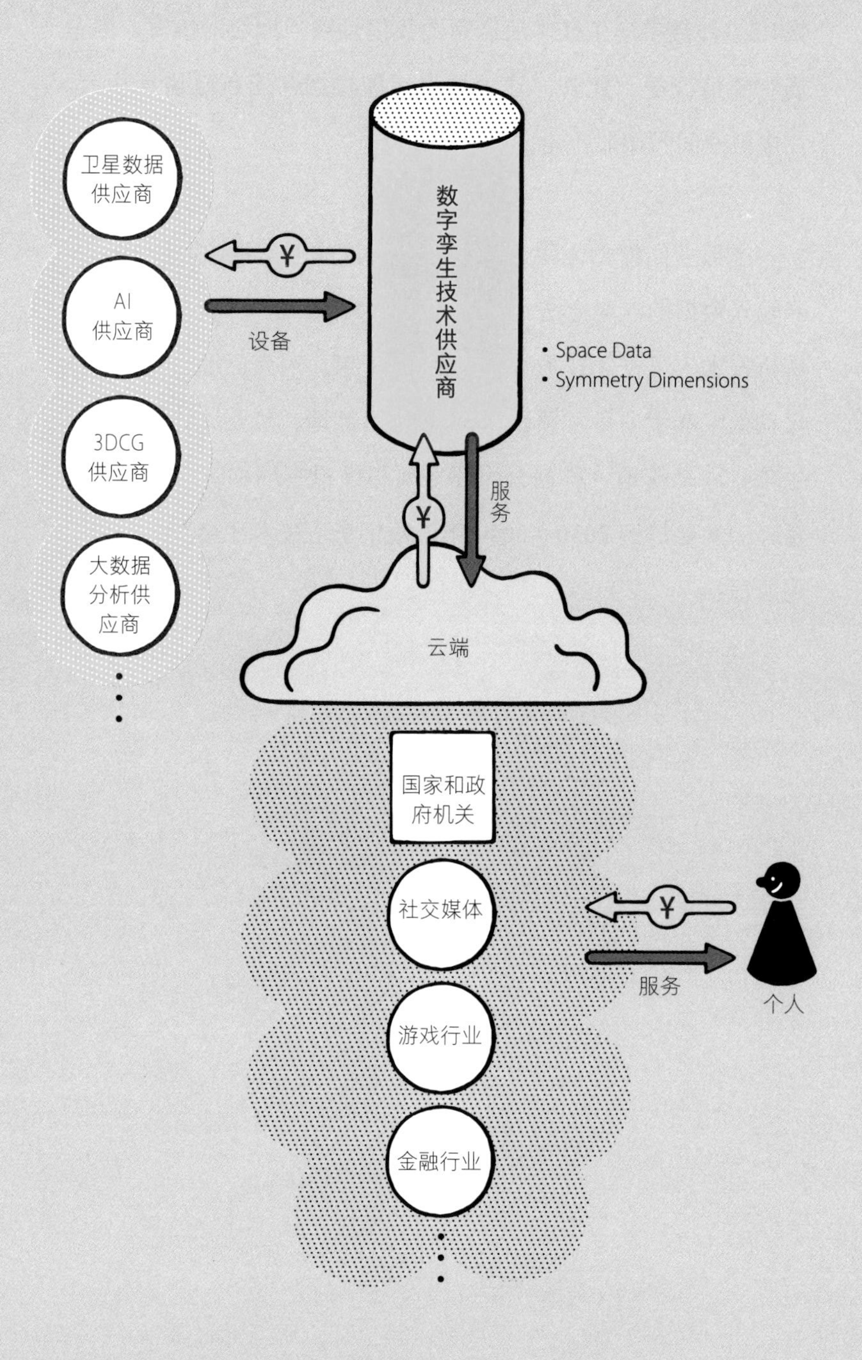

卫星数据供应商
AI供应商
3DCG供应商
大数据分析供应商
¥
设备
数字孪生技术供应商
• Space Data
• Symmetry Dimensions
¥
服务
云端
国家和政府机关
社交媒体
游戏行业
金融行业
¥
服务
个人

| 9 |

VR 技术：足不出户享受无限空间

VR 创造无限空间。这项技术以 B2B2C 商业模式，逐步推广到旅游、房地产、医疗福利等行业。相信不远的将来，VR 技术将会大面积普及。

VR 技术，让你摆脱狭窄空间的束缚，飞向广阔天地

利用 VR 技术让你进入无限环境。下面就来给各位介绍一下目前的 VR 技术。

东京大学的广濑、谷川、鸣海研究室和 Unity Technologies Japan 的簗濑洋平开发出了在有限的空间内可以无限行走的 VR 技术，并将其命名为 Unlimited Corridor（无限回廊）。这是一种结合 Redirected Walking（视觉效果）和 Visuo-Haptic Interaction（触觉效果）的技术。通过微妙地旋转 VR 眼镜[①]展现的 VR 空间，可以让用户产生虽然是在走圈却仿佛在走直线的错觉。只要有 7m×5m 左右的空间，就能让体验者产生无限行走的错觉，简直是一个大号仓鼠球。

东京大学的广濑、谷川、鸣海研究室还在研发“无限阶梯”。这是一种用 VR 眼镜模拟上（下）旋转楼梯的技术。只要穿上搭载了 HTC 公司生产的动作捕捉设备“Vive Tracker”[②]的“凉鞋”，同时佩戴 VR 眼镜，用户就能边看着 VR 画面，边上下旋转楼梯了。

---

① 显示 VR 影像的头戴式显示器。

② 通过在身体上佩戴多个动作捕捉设备，可以在 VR 空间中真实地再现身体的动作。

向旅游、房地产、医疗、社会福利等领域普及

VR 产品创造无限空间并进一步发展，可以预见，VR 设备将会在以下领域展现出它的可能性。

◎ 旅游

人在客厅，戴上 VR 眼镜就能享受旅游的乐趣。相关企业可以与旅行社合作，开发旅游 VR 设备。而 VR 眼镜也可以由旅行社进行售卖。

◎ 房地产销售

VR 企业可以和房地产公司合作，用 VR 再现样板间，为看房的客人提供 VR 看房服务。

◎ 医疗、社会福利、体育训练

用 VR 技术制造公园或旅游景点，向医院、福利机构、健身中心销售。在医院住院的患者和在养老院养老的老人可以通过 VR 眼镜，体验一次虚拟外出，散散步、活动一下，或者做康复训练。

◎ 娱乐

游乐园和主题公园同样需要 VR 设备。首先，园方可以靠

VR 的话题性吸引游客。利用 VR 制造巨大的迷宫或者鬼屋能够在节省空间的同时保障趣味。另外，游客也可以边活动边体验类似任天堂《斯普拉遁》的乐趣，或者打一场高尔夫球。

◎ 美术馆、博物馆、小型展览会

著名的绘画作品、历史遗产、恐龙化石，都需要运送到美术馆或博物馆展示。看到实物展品确实意义非凡，但展品在运输途中可能会受损，展示途中也可能会被盗。而 VR 技术则能帮我们避免类似的风险，而且成本极低。即便是难以展示的庞然大物（比如火箭），VR 空间也能把它们囊括其中，供人观赏。

由于 VR 技术已经成熟，因此我们有理由相信，这项技术很快就会普及。VR 技术将作为 B2B2C 业务进入各行各业，在不久的将来，VR 设备有望成为我们日常生活的必需品。

无限空间 VR

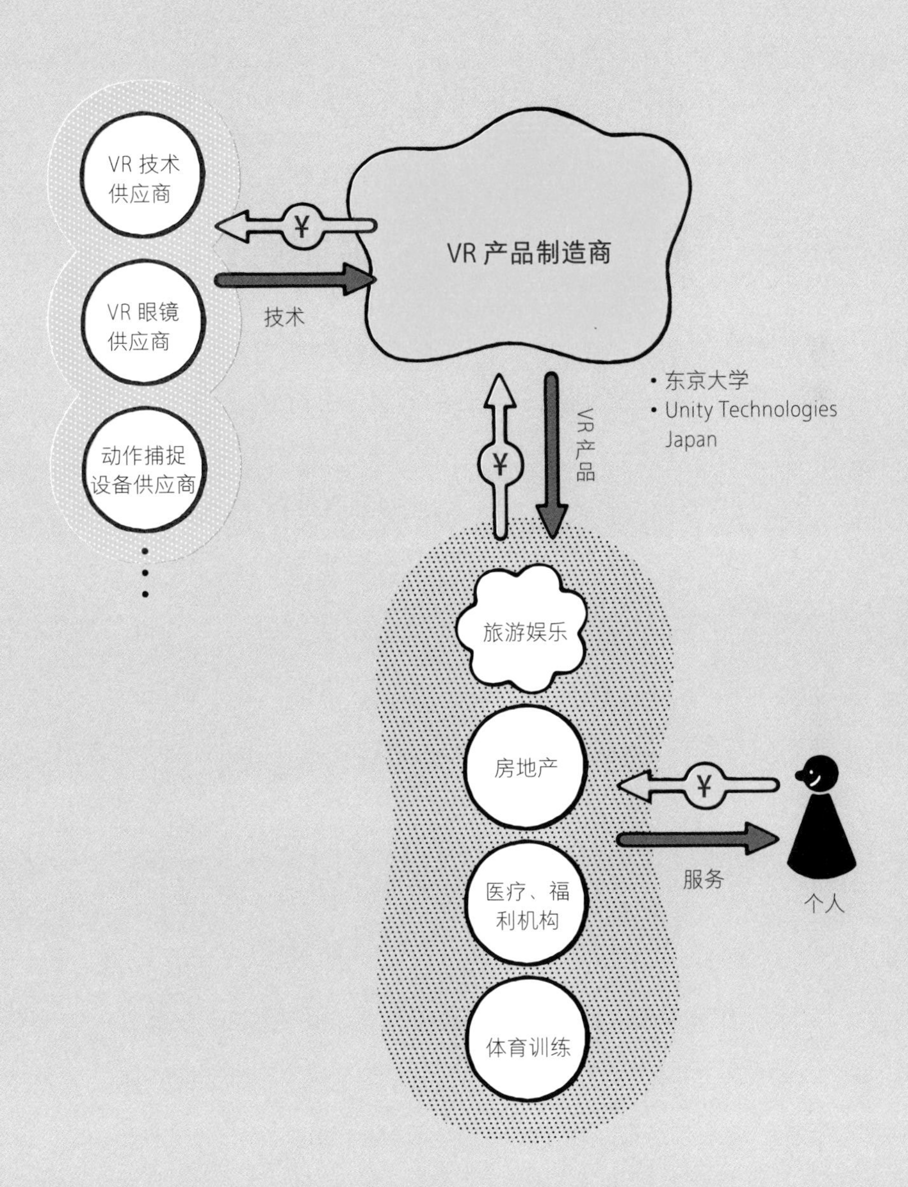

VR 技术
供应商
VR 眼镜
供应商
动作捕捉
设备供应商
技术
¥
VR 产品制造商
• 东京大学
• Unity Technologies
Japan
VR 产品
¥
旅游娱乐
房地产
医疗、福
利机构
体育训练
¥
服务
个人

| 10 |

器官芯片：私人定制医疗

2030 年或 2040 年起，“器官芯片”将得到普及。此后，随着更先进的“人体芯片”问世，药物也会进入私人定制时代。

器官芯片：模拟人体器官功能

器官芯片是指将人体的器官以微观尺寸再现。这种芯片不在人体使用，而是用于实验、试验，助力新药开发。这项技术有望缩短新药的开发时间、降低研发成本。器官芯片的英语是“Organ-on-a-chip”。

哈佛大学的 Wyss Institute 研究所成功研发了“肺芯片（Lung-on-a-chip）”，肺芯片能在生物体外再现肺气肿的症状。因此这项技术一经问世便引起了全世界的关注。这种芯片的制造使用了半导体加工技术中的光刻技术。

此外，德国的 Fraunhofer Institute for Material and Beam Technology IWS Dresden 正在开发一种“多器官芯片”，它能够再现各种器官的血液循环。科学家先将脏器细胞培养后放入一个人工“腔室”，利用血液循环泵使血液循环，随后便可以注入试验物质进行分析。

其他器官芯片还包括肠道芯片、皮肤芯片等。日本医疗研究开发机构（AMED）也于 2017 年启动了器官芯片研发项目，希望打造一款日本独立研发的器官芯片。

器官芯片引发新药研发革命

器官芯片将进入医疗、化妆品、化学制品市场。

◎ 医疗

新药研发需要大量的时间和费用。据日本制药工业协会称，一款新药投入市场需要 9—17 年的漫长时间和数百亿日元甚至数千亿日元的高额研发费用。而且，新药开发的成功率只有三万分之一，可以说成功率极低。

原本新药的试验多在培养皿内的培养细胞中实施。因为这种试验方式具有低成本、过程简单的优点，但培养皿所处的环境与人体所处的环境相差甚远。这就导致了新药研发的成功率很低。另外，动物实验也经常用于检验新药的药效，但由于动物和人类的生态环境不同，所以也不能进行完整的试验（而且不要忘记，动物们在实验过程中成了牺牲品）。而器官芯片有可能解决所有问题。

◎ 化妆品、化学制品

如果在化妆品原料、洗面奶原料、洗发露原料、建筑材料测试中使用皮肤芯片，就可以判断产品是否对身体有害。

如果能轻松制造自己的细胞或血液器官芯片，以低成本在短期内进行试验，就能开发出适合每个人的药物。为了让器官芯片尽快进入市场，我们应该尽可能让器官芯片无限接近人类器官。

截至 2021 年，器官芯片的成本还是很高，但世界上已经有几家创新企业开始制造并销售器官芯片了。预计至少到 2030 年或 2040 年，器官芯片的成本才会降低并进入大众市场。而到了 2040 年或 2050 年以后，利用个人细胞和血液制造的器官芯片，将从“Organ-on-a-chip（器官芯片）”发展成“Human-on-a-chip（人体芯片）”。或许未来人们将能享受到私人定制的医疗服务。

器官芯片

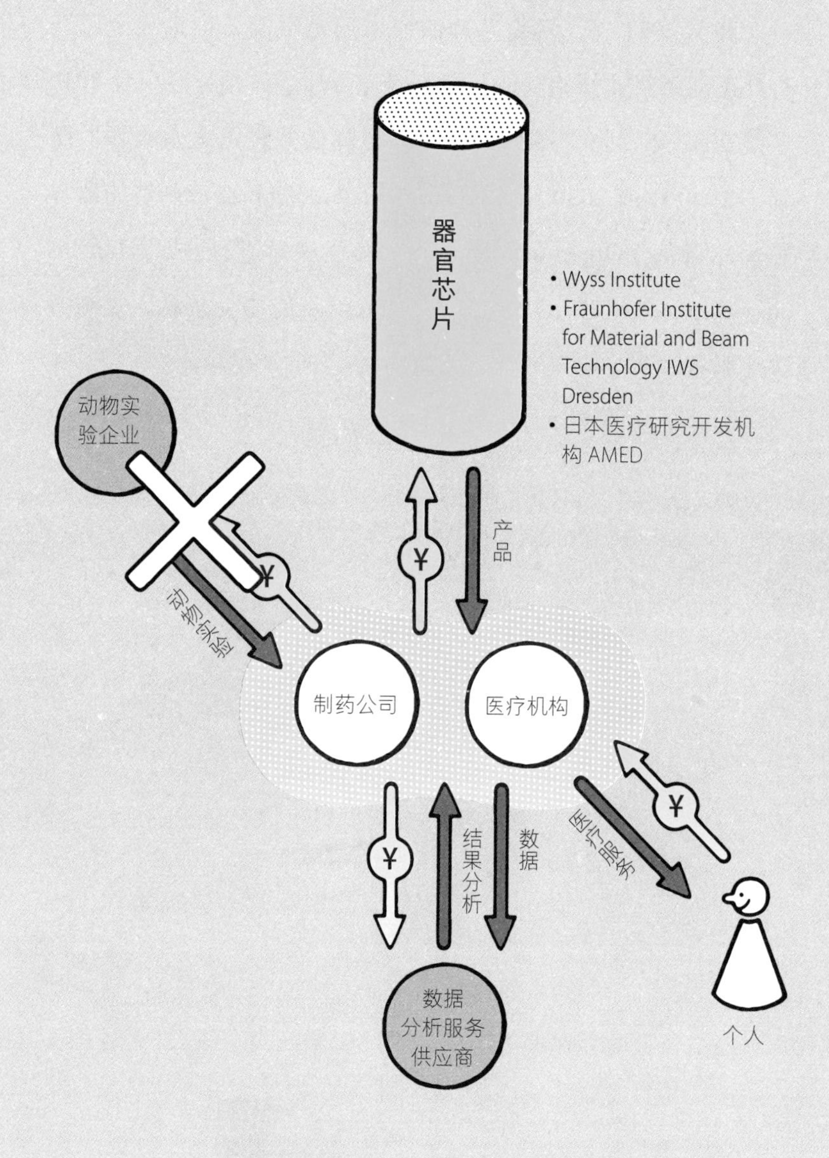
器官芯片
• Wyss Institute
• Fraunhofer Institute for Material and Beam Technology IWS Dresden
• 日本医疗研究开发机构 AMED
动物实验企业
¥
动物实验
¥
产品
制药公司
医疗机构
¥
结果分析
数据
¥
医疗服务
数据分析服务供应商
个人

| 11 |

可穿戴设备帮你感知疾病

未来，我们可以通过内置高精度物联网传感器的可穿戴设备，获取生物数据并利用生物数据促进预防医学的发展。

依靠可穿戴设备实现 24 小时 ×365 天健康管理

目前可穿戴设备早已进入大健康领域[①]。可穿戴设备内置了高精度的物联网传感器。例如通过小型体温计测量体温，通过红外线等光线照射身体表面，测量血液流动的变化来测量心率。各大企业还会根据自己的指标（心率、呼吸变化、身体活跃程度等）和算法推算呼吸频率。

芬兰的 Oura Health 推出了名为“Oura Ring”的可穿戴式健康管理戒指。这款产品体积小、重量轻，可通过物联网传感器高精度测量并记录体温、脉搏、呼吸频率等指标。另外，这款设备还支持“睡眠追踪”。由于可穿戴设备使用频率越高，生物数据积累得也就越多，因此这项技术有望提高诊断结果的精度。

日本的 Grace imaging 开发出了可测量汗液中乳酸浓度的可穿戴设备。这款设备支持通过应用程序显示用户疲劳度，以便为用户设定合理的运动量。

此外，日本的 CAC 公司开发了一款名为“Lizmir”的心率检测设备，这款设备使用了脉冲波成像技术，这项技术能够捕捉皮肤不同部分颜色的细微变化。该设备可以根据使用者心率，显示身体状况，让使用者了解植物神经的活跃度和血压的状态。

---

① 包括智能手表在内的可以穿戴的小型计算机。

这款设备不需要佩戴在身上，只需要通过非接触方式（拍摄）就能获得数据。

英国 Astinno 公司开发了腕带式可穿戴设备“Grace”，这款设备可有效缓解更年期女性的潮热、上火、出汗等症状。设备上搭载的传感器一旦检测到体温上升的迹象，就会自动为用户的手腕降温，帮助用户缓解症状[①]。

此外，世界各国也在开发“智能马桶”。例如，斯坦福大学开发了一种新型马桶，这款马桶支持通过自带摄像头，识别用户的肛门，并通过粪便的形状和硬度了解用户的健康状况，通过尿液了解用户的生活习惯（个人的饮食习惯、运动习惯、用药情况、睡眠习惯等），同时，智能马桶还具有诊断早期癌症、糖尿病、肾病等疾病的功能。

订阅制分析服务：每天关注您的健康

医疗保健用可穿戴设备和物联网传感器可以开拓以下市场。

① 如果对体表附近的粗血管（桡动）进行冰敷（局部冷却），就能使全身迅速降温。

◎ 医疗、福利

医疗机构和福利设施也是可穿戴设备的潜在市场。住院的患者、留观的患者、入住福利设施的人都可以通过可穿戴设备管理自己的健康。可穿戴设备获取用户数据，并在云端分析，再以订阅制的形式向用户提供服务。而医疗机构或福利设施可以根据分析结果合理制定治疗方案。

◎ 普通家庭

普通家庭也是健康可穿戴设备的潜在市场。用户每天佩戴可穿戴设备，设备会自动获取用户数据，并在云端进行数据分析和显示，提供辅助服务。医疗机构可以利用这些数据在治疗、开具处方等方面为患者提供帮助。

另外，智能马桶将与房屋建筑公司等合作，面向普通家庭销售。在不久的将来，新建房屋都会配备智能马桶。

医疗类可穿戴设备是带有高附加价值的产品，其销售模式也遵循创新产品的销售模式。目前这项技术已经进入现实生活。

首先，由早期试用者试用，之后会有更多人尝试，最后逐步得到普及。这种医疗类可穿戴设备的导入和普及不需要太长的时间。而且，还会与智能手机等智能设备联动。最早一批用户可能是标新立异的一群人，随后也有少量人“尝鲜”，购买人数不断增加，最后开始普及。医疗类可穿戴设备的推出和传播并不会花很长时间，而且它们将与智能手机和其他智能设备高效联动。

预防医学可穿戴设备

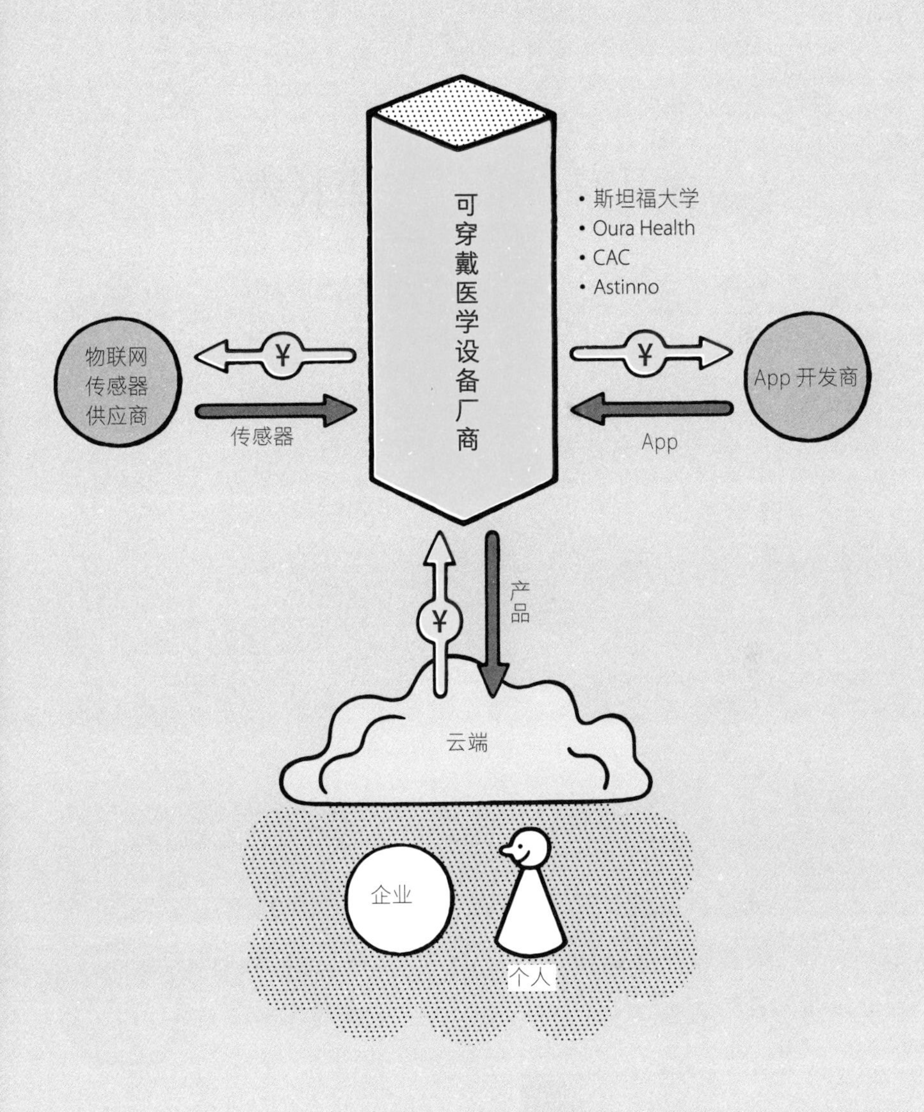

可穿戴医学设备厂商
• 斯坦福大学
• Oura Health
• CAC
• Astinno
物联网传感器供应商
传感器
App 开发商
App
¥
¥
¥
产品
云端
企业
个人

| 12 |

食品科技助你健康长寿

通过食品科技管理日常饮食，让我们远离疾病。随着食品科技和医疗技术的进步，到 2050 年，人们的平均寿命有可能超过 90 岁。

长寿的关键：
人造肉、完全营养食品、分子料理

食品科技与医疗技术同步发展，食品科技为人类寿命的延长作出了巨大贡献。下面我来介绍一下当今食品科技的发展情况。

人造肉是指用大豆代替肉的技术。通过对大豆、豌豆等豆类和甜菜加热或施加压力，使植物性蛋白质排列成与动物性蛋白质相近的纤维结构。这种技术可以再现普通肉类的外观、味道以及口感。

日本不二炼油公司是有名的食品企业。它们旗下有一款名为“粒状大豆蛋白”的纤维状大豆，这种大豆可用于畜肉加工和水产加工。它的口感已经十分接近牛肉、猪肉、鸡肉等肉类。通过提取、分离大豆蛋白，人造肉具有良好的乳化性、保水性、黏结性，完全可用于烹饪各种菜肴。

除此之外，丸米公司有一款名为“DAIZULABO”的商品。“DAIZULABO”有三种类型，即肉末、肉丝和肉块。与真正的肉不同，因为“DAIZULABO”不含动物性脂肪，所以完全没有动脉硬化的风险。

所谓完全营养食品，是指包含了一顿饭所需的所有营养素的食品。这种食品营养均衡，含有充足的宏观营养素(三大营养素)，即蛋白质（Protein)、脂类（Fat）和碳水化合物（Carbohydrate)。

在健身圈经常提到的“PFC 平衡”就是这个意思。日本的完全营养食品制造商中，BASE FOOD 和 HUEL 比较有名。例如，BASE FOOD 的面包使用了全麦小麦、奇亚籽、海带粉等营养丰富的食材。因为是经过真空包装后加热杀菌的，所以不使用添加剂也可以长期保存。BASE FOOD 不仅有面包，还有拉面。

下面再介绍一下分子料理。这是指从分子的层面处理和烹饪食材，创造出新的味道和口感的技术。例如，使用液态氮，在不改变食材风味和口感的前提下，让菜品瞬间冻结；在汤和咖喱中混入一氧化二氮（笑气），在保持风味的同时，使菜肴起泡；在番茄酱中加入海藻酸钠使之凝固。总之，分子料理就是一种像极了化学实验的烹饪方式。

食品完全可控

食品科技可以进入以下市场。

◎ 保健、医疗、福利

运用食品科技，可以控制食品中的营养和热量比例。从此人们可以大饱口福却不用担心发胖和健康问题。

◎ 航天

如果未来我们都要移民到火星或者月球，还要把肉类作为太空食品，那么运输成本实在太高。更何况，考虑到重力环境、放射线、饲养成本等因素，在宇宙中饲养家畜则更不现实。因此我们需要利用植物肉和各种营养食品降低成本。

截至目前，这项技术已经十分成熟，并实现了商业化。如果能继续改良味道和口感，降低价格，不久后这些食品必然能够得到普及。同时由于有些疾病能够通过饮食调节来防治，所以人们的预期寿命或许也会延长。

日本政府称，到2050年女性的平均寿命将超过90岁[①]。除了食品科技以外，本书中介绍的“长生不老药”、预防医学、可穿戴设备、味觉控制设备（原版书第58页）、昆虫食品等技术在未来也将被人们广泛接受，相信未来日本将迎来一个超级长寿社会。

---

① 日本江户时代的平均寿命为32—44岁，明治、大正时代的平均寿命约为44岁，昭和40年代平均寿命约为67岁，如今，日本女性的平均寿命为87岁，居世界第一。

食品科技

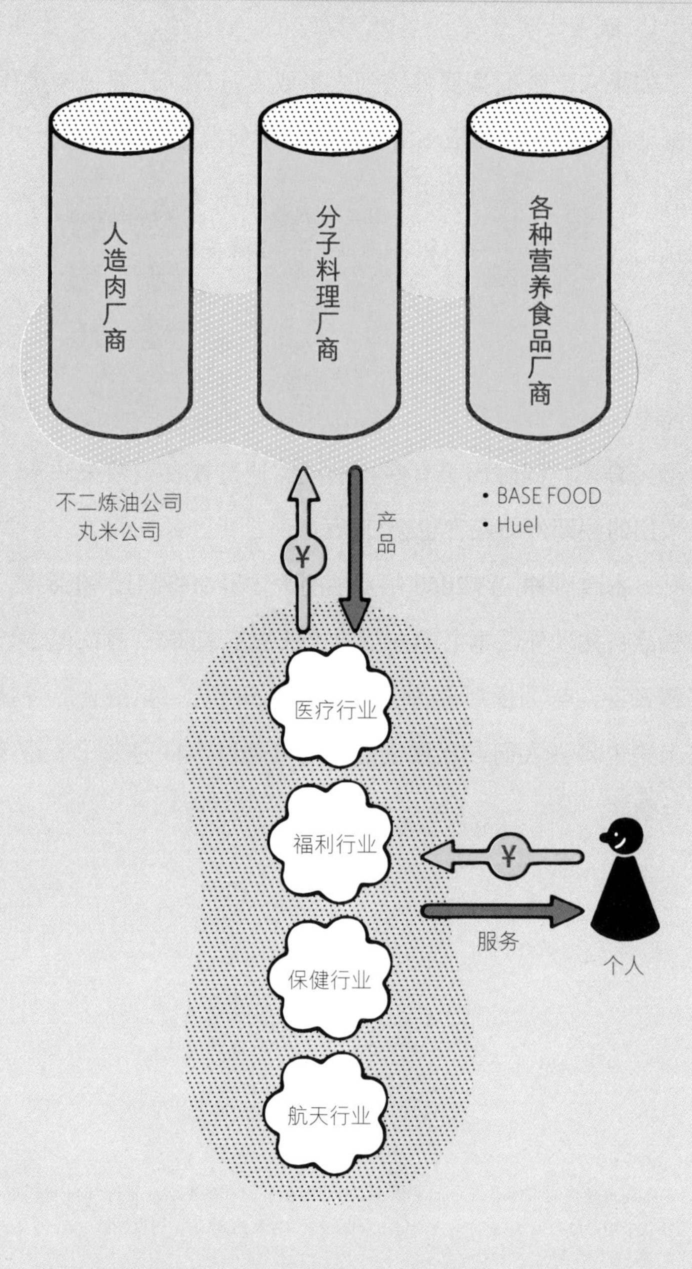

人造肉厂商
分子料理厂商
各种营养食品厂商
不二炼油公司
丸米公司
• BASE FOOD
• Huel
¥
产品
医疗行业
福利行业
保健行业
航天行业
¥
服务
个人

| 13 |

可操控味觉

随着味觉控制技术的进一步开发，再过 10—20 年，这项技术就会被引入减肥、健康管理、娱乐、食品开发等市场。

电流刺激：控制味觉

控制味觉的时代即将到来，下面介绍一下这项技术的现状。

被称为“VR 第一人”的东京大学鸣海拓志教授开发了“Meta Cookie”系统。鸣海教授认为味觉其实是大脑对食品外观、气味、触感、记忆的综合反应，他正在研究如何用 VR 技术控制人们的味觉。Meta Cookie 其实就是模拟味觉的系统，例如使用者戴着 VR 眼镜的同时品尝原味饼干，但在 VR 眼镜中看到的却是巧克力味饼干，同时也能闻到巧克力的味道。此时，使用者就会把原味饼干当成巧克力味饼干。

美国缅因大学发明了用电流刺激味蕾并模拟味觉的筷子。这双筷子嵌有电极，可以改变电的频率、电极的材料、舌头的刺激位置等各种参数，能够再现 5 种基本味道（甜味、酸味、咸味、苦味、鲜味）中的 3 种，即酸味、咸味、苦味。

日本明治大学的宫下芳明教授开发了一种名为“Norimaki Synthesizer”的装置。该装置使用的是具有 5 种基本味道的电解质，并用琼脂凝固的“凝胶”。人与装置之间形成电路，对电路施加电压，使凝胶内部的离子电泳①，从而控制接触舌头的离子量，进而改变味道。通过调整各种味道的比例，就能模拟自己喜欢的味道。

---

① 带电粒子等在电场中移动的现象。在分子生物学和生物化学中，是分离 DNA 和蛋白质不可或缺的手段。

除此之外，宫下教授还开发了能够“改变食物味道的手套”。使用者通过手套食指部分的电极，接触勺子、叉子等金属餐具，向舌头释放微电流，就可以改变味觉。

Michel/Fabian 设计工作室的安德烈亚斯·费比安（Andreas Fabian）发明了一种能让食物变得更美味的勺子“Goûte”[①]。Goûte 的形状是模仿人类手指，能让人产生蘸舔手指的错觉。据说与使用普通勺子相比，使用 Goûte 能让味觉更敏感，对食物美味度的评价也比平时高出 40%。

口味模拟体验

味觉控制设备研发、投产后，可以开拓普通家庭、医疗机构、食品行业、娱乐行业市场。

◎ 普通家庭、医疗机构

味觉控制设备可用于健康管理，帮助人们控制日常饮食的含

① 安德烈亚斯·费比安在 2011 年发表了一篇题为《Spoons & Spoonness》的论文并获得了博士学位。“Goûte”是“品味”的法语。

盐量和热量。医疗机构则可以通过这类设备减少患者的饮食压力。

◎ 娱乐产业

未来，观众只需佩戴味觉控制设备就能隔着屏幕“品尝”电视里的各种美食。食品、餐厅、小酒馆等店铺也可以在广告中使用这套技术。到那时，人们在推特等社交媒体上发布的美食相关内容，都可以通过味觉控制设备，传递给其他用户。

◎ 食品开发

食品企业和餐厅等在开发新产品或新菜式时，也可以利用味觉控制设备。这样既能节约成本，又能满足微调食品口味的需求。

截至 2021 年，类似的设备已经问世，今后机器能够模拟的味觉种类会更加丰富，功能方面也会不断升级。再过 10—20 年，味觉控制设备就会渗透进医疗机构、娱乐、食品市场。随着价格的降低，味觉控制设备将逐渐普及普通家庭。

味觉控制设备

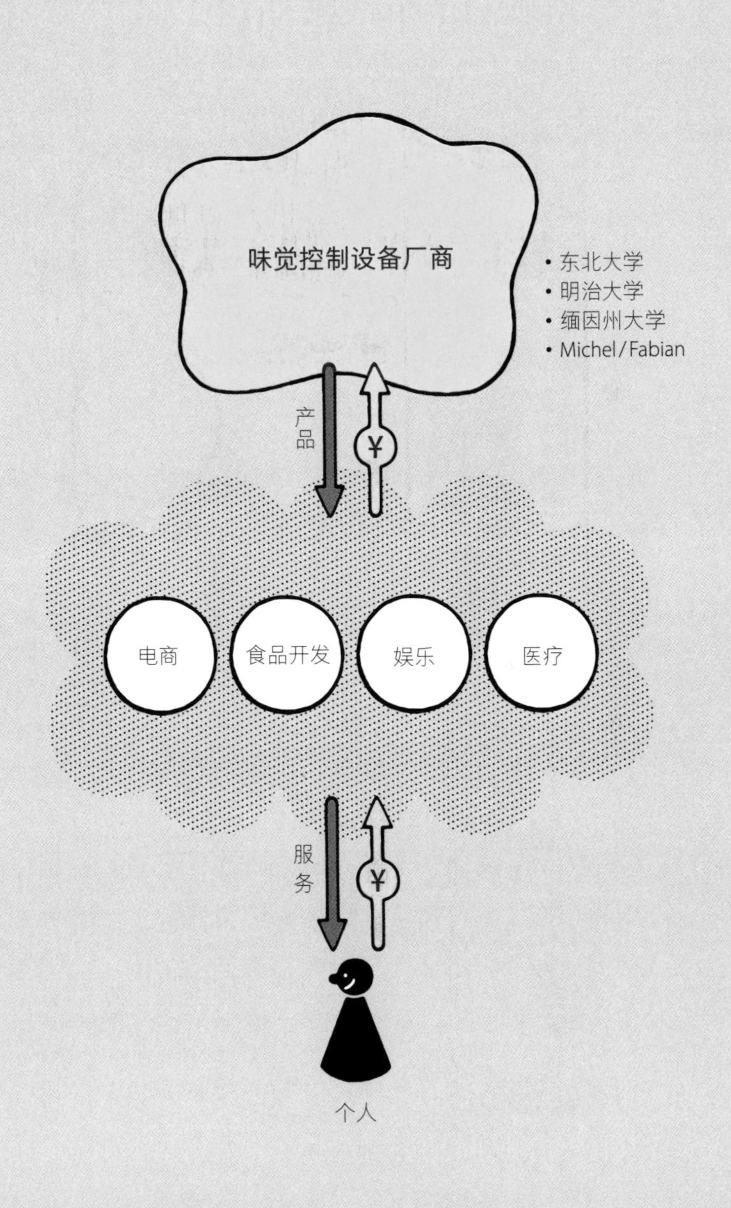

| 14 |

轻松做菜，绝不失败

目前市面上已经有“料理机器人”销售，而且这种机器人的价格也有望降低到普通家庭能够接受的水平。但想要轻松愉快地做菜且能保证不会失败，预计还需要 10—20 年。

烹饪科技需要物联网、AI、机器人技术的支持

下面介绍一下目前烹饪科技的发展情况。

可以制作料理的3D打印机[①]——“3D食物打印机”正在开发中。3D食物打印机的烹饪方式是一边移动喷嘴，一边将谷物、水果、蔬菜等混合的糊状材料挤出来。

西班牙Natural Machine公司开发的“FOODINI”料理机，支持将糊状材料装入胶囊，用户自行设定风味、甜度、颜色等即可完成烹饪。虽然市面上出现了若干款类似的3D食物打印机，但它们的价格都十分昂贵。

英国Moley Robotics公司开发的“Moley”是一款家用烹饪机器人[②]。这款机器人不仅能炒菜做饭，还能自动清洁整理。机器人的两只机械臂在厨房上方左右移动，能够完成拿取锅具和食材、搅拌、切配、拧水龙头、装盘等动作。另外，利用安装在机械臂上的相机传感器，这款机器人还会时不时地检查食材有没有洒出来，一旦发现有污渍，就利用内置的紫外线灯进行灭菌。菜肴制作完成后，机器人还会自动整理、擦拭厨房台面。目前这款机器人可制作的菜肴达5 000多种。将专业厨师的烹饪视频导入机器人程序，AI通过机器学习就能复刻这道菜。

---

① 所谓3D打印机，就是将设计图转化成数据，再将想要制作的物品以三维的形式制备出来的机器。

② 传统烹调机器人，往往只会制作一款菜品。比如中餐馆的炒饭机器人或豪斯登堡主题公园内的软奶油机器人和章鱼烧机器人。

另外，目前还有可以管理食材保质期的智能标签。我们常有购买了大量的超市特价商品，却忘记及时使用，或者因为用不完等导致商品过期的经历。而美国 Wide Afternoon 公司出品的“Ovie”标签可以帮我们解决这个烦恼。只要贴上与食材相绑定的物联网标签，再将食材放入冰箱，临近保质期的标签就会通过发光提示用户尽早食用。

烹饪机器人：富裕阶层—普通家庭—无限宇宙

上述机器人厂商未来可以尝试打入以下市场。

◎ 普通家庭

3D 食物打印机和烹饪机器人早期只能在富裕阶层普及。而后随着使用经验的积累，菜谱开始面向私人订制，今后人们在家就能重现米其林星级厨师和著名厨师的菜谱，厂商也可以推出付费菜谱和免费菜谱。

◎ 餐馆、家庭餐厅

连锁餐饮店也可能成为烹饪机器人的潜在客户。烹饪机器人的优点是，接单后迅速出菜，为餐馆节约人力成本。

◎ 医疗、护理

当患者因治疗需要，不得不控制食品营养、热量，或者根据咬合力选择食物时，他们可以用 3D 食物打印机制作食物。由于烹饪机器人能随时随地制作质量均一的食物，还能给看护人员减轻一定的负担。

◎ 航天

在稍远的未来，我们或许会在月球、火星等太空殖民地使用烹饪机器人。Redwire（Made In Space）等企业已经成功研制出了能在国际空间站 ISS 使用的"太空用 3D 打印机"，所以在无重力环境下 3D 打印食物应该不会有太大问题。另外，在宇宙航行中，我们应尽量减少食品浪费，因此能够管理食品保质期的智能标签应该会非常受欢迎。

相信不久的将来，类似产品的缺陷也会得到改善，随着 VE (Value Engineering)[1] 技术的发展，烹饪科技产品的成本也会下降。而后烹饪科技产品会继续朝着低成本、量产化的方向发展，价格逐渐降低到普通家电的水平。但想要普及千家万户，至少还要 10—20 年，进入宇宙则需要更长时间。

---

① 也被称为价值分析（Value Analysis, VA），是指在不降低产品或服务的品质和功能价值的前提下控制成本，或者是用低成本大幅提高功能的方法。

烹饪科技

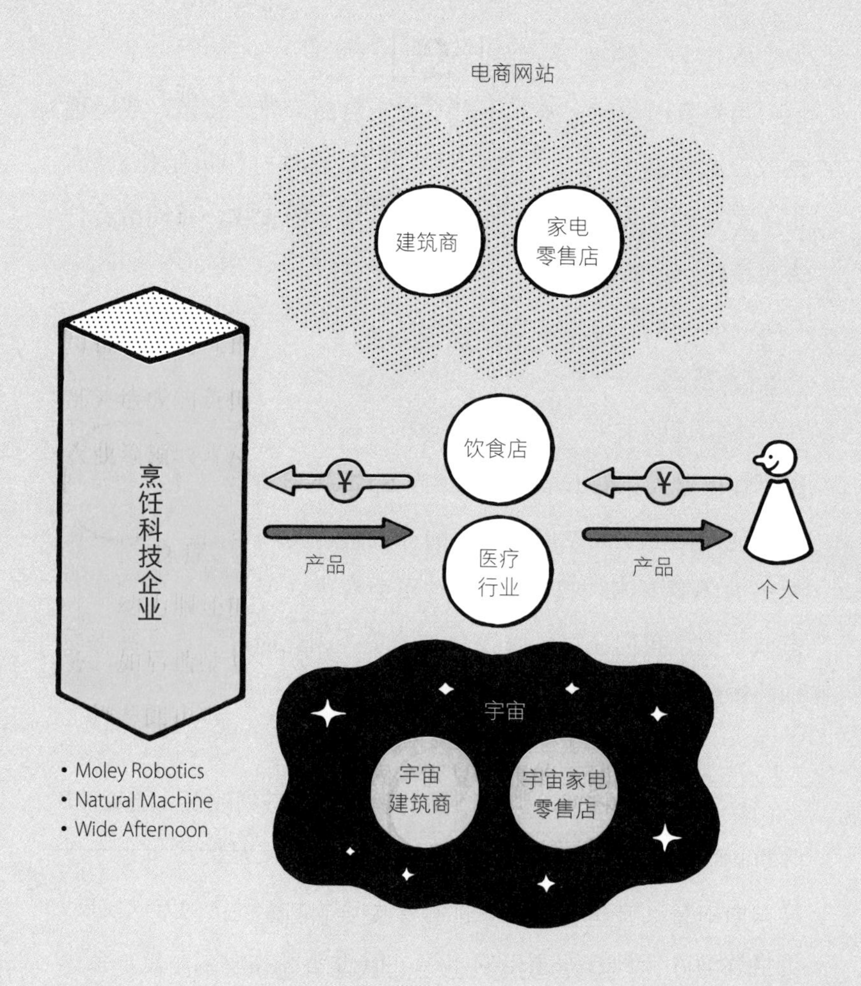

电商网站
建筑商
家电零售店
烹饪科技企业
饮食店
医疗行业
¥
¥
产品
产品
个人
宇宙
宇宙建筑商
宇宙家电零售店
• Moley Robotics
• Natural Machine
• Wide Afternoon

| 15 |

睡眠科技：让你睡得更好

“睡眠科技”是一项让你能安心入眠的技术。在不远的将来，相关产品的价格会逐渐趋于合理，睡眠科技产品将会像普通寝具一样普及千家万户。

睡眠科技：物联网传感器和先进的分析技术才是关键

“睡眠科技”旨在提高睡眠质量[①]，睡眠科技，就是“SLEEP”和“TECH”的结合。主要指代提高睡眠质量的技术、产品和服务。睡眠科技的关键是物联网传感器（生物数据监测）和信息分析技术。

由东京大学创办的风险企业 Xenoma 开发了一款数字医疗保健睡衣“e-Skin Sleep & Lounge”，据说这款睡衣能让使用者睡得更舒服。这款睡衣上安装了 Sleep & Lounge Hub 设备。该设备可以测量心率和呼吸，与智能手机应用程序“e-Skin Sleep”绑定后，可根据使用者睡眠深度、规律、入眠时间、深度睡眠时间得出“睡眠得分”。此外还可以将睡眠状态以“睡眠水平”的形式展现出来，同时还能自动记录入睡和起床时间，形成“睡眠历史记录”等。这款睡衣还支持根据睡眠数据，向用户提供“改善睡眠的建议”。此外，它还支持设定“快速睡眠闹钟”，在最适合的时间唤醒使用者。这款睡衣不仅功能十分强大，并且因为是全棉材质的，只要取下与之配套的设备就可以直接清洗。

下面介绍一下飞利浦的 Smart Sleep 深度睡眠头带 2 代。用

① 日本约 9 成女性对睡眠质量感到不满。关于工作日的睡眠时间，40.7% 的人回答“6 小时”，其次是“5 小时”占 25.5%，“7 小时”占 21.1%。令人惊讶的是，有 7.8% 的人表示睡眠时间“不到 4 小时”（ozmall 调查）。

户只要在睡觉时戴着头带，就能听到悦耳的治疗音乐，同时它还可以检测脑电波，了解睡眠状态。通过骨传导扬声器播放的声音会根据睡眠状态自动调整音量和音域。起床时，机器会在用户处于浅睡眠的状态下设置闹钟。因为人们在浅睡眠状态下被唤醒，会感到神清气爽。

法国 Moona 公司开发出一款基于睡眠科学理论设计的智能枕头，名为“Moona 凉枕”。这款枕头可以通过水冷方式降低表面温度，使头颈部达到舒适的温度。使用这款枕头，用户整个晚上都可以调节全身的体温，获得舒适的睡眠体验。用户还可以通过智能手机设定温度。

另外，SWANSWAN 还推出了可以戴在脖子上的可穿戴设备“Sleeim”，用于改善打鼾和睡眠呼吸暂停综合征。设备上的物联网传感器可以监测流经呼吸道的呼吸声，当检测到呼吸暂停或打鼾时，颈部设备会振动，提醒用户调整睡姿。

睡眠科技是保健、医疗市场的增值业务

目前，提供睡眠科技产品的企业正在面向个人开展 B2C 业

务。今后，睡眠科技还将继续拓展新市场，为现有业务提供附加价值。

◎ 保健

睡眠科技产品专为失眠人群服务，同时这些产品还支持通过应用程序，提供个性化服务。另外，虽然目前已经有专门为客户提供良好就寝环境的酒店，但为了提高客户的睡眠质量，它们或许会引进睡眠科技产品。

◎ 医疗

为医院的住院病人和过夜的体检病人提供睡眠科技产品，可以帮助他们缓解第二天手术或检查的紧张情绪。这种服务属于增值服务。

随着睡眠科技产品的发展，面向个人用户的服务开始走向定制化路线，服务的质量也将得到提高。同时，量产化会让产品的成本降低。比现在性能更高的睡眠科技产品，在刚刚上市后的一段时间内会价格过高，此时它们的目标客户是医疗机构，走 B2B 路线，价格一般在 5 万日元左右。但一段时间后，睡眠科技产品的价位会降低到 1 万 —2 万日元，普通家庭也能接受。

睡眠科技

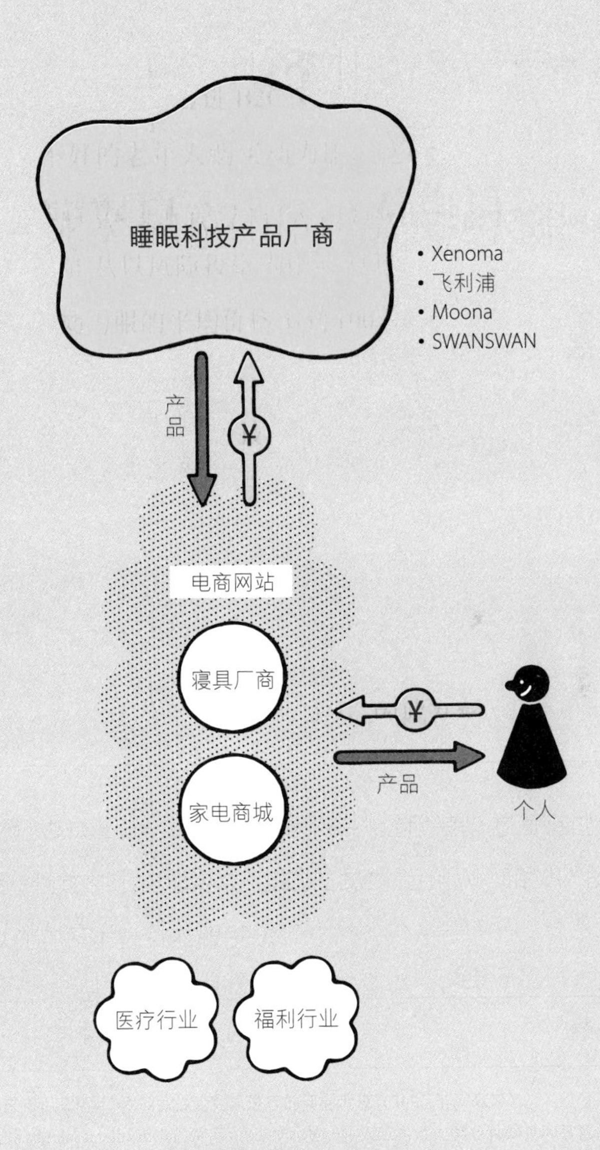

睡眠科技产品厂商
• Xenoma
• 飞利浦
• Moona
• SWANSWAN
产品
¥
电商网站
寝具厂商
家电商城
¥
产品
个人
医疗行业
福利行业

| 16 |

昆虫帮你补充蛋白质

如今，市面上已经有很多以昆虫为原材料的食品。通过技术加工和市场营销，未来人们或许不会再对昆虫食品感到抵触。

昆虫食品好处多多

所谓昆虫食品，顾名思义就是用昆虫制作的食品。世界上有很多习惯吃昆虫的国家和地区，日本自古以来就有食用昆虫的文化[①]。

昆虫食品之所以能得到发展，主要是因为科学家们预测世界人口仍旧会持续增长。在此前的预测中，2050 年世界人口将达到 100 亿，但到了 2030 年蛋白质供应量将出现短缺（现在有研究结果下调为 2050 年世界人口将达到 88 亿）。

在昆虫食品中，以蟋蟀的话题度最高，主要基于以下五点：第一，蟋蟀蛋白质含量高。据说每 100g 肉质中就含有 60g 蛋白质。顺便一提，鸡肉、猪肉、牛肉每 100g 的蛋白质含量分别为 23.3g、22.1g、21.2g。由此可见，蟋蟀的蛋白质含量非常高。而且蟋蟀还含有锌、铁、钙、镁、维生素、欧米伽 3 等人体必需的多种营养素。同时，蟋蟀的纤维与食物纤维相似，能够有效调节人们的肠道环境。第二，温室气体排放量少。很多文献用每 kg 体重的温室气体排放量这一指标来进行解释。蟋蟀排出的温室气体只有 100g/kg，而其他动物如：猪为 1 100g，牛为 2 800g。第三，饲养耗水量。饲养 1kg 蟋蟀只需要 4 升水。而饲养 1kg 鸡、猪、牛分别需要 2 300 升、3 500 升、22 000 升

① 日本有一道名菜叫作“蝗虫咸烹”。此外还有蜂、蚕等 50 多种昆虫被食用的记录。

水。第四，饲养所需的饲料量。生产 1kg 蛋白质所需的饲料量为，蟋蟀 1.7kg、鸡 2.5kg、猪 5kg、牛 10kg。饲养蟋蟀所需的饲料非常少，而且因为蟋蟀是杂食昆虫，饲料价格也很低。第五，可以节省饲养时间。蟋蟀成长为成虫需要 35 天左右，与其他昆虫相比成长速度较快。

改变昆虫形态让人不再抵触

日本的昆虫食品居然还有仙贝、膨化食品、曲奇饼、面包、咖啡、高汤、蛋白粉系列等。其中无印良品出品的“蟋蟀仙贝”十分有名，这款仙贝使用的原料是以德岛大学的研究为依据，批量生产的食用蟋蟀。2021 年，日本风险企业 ODD FUTURE 推出了名为“CRICKET COFFEE”的蟋蟀粉和咖啡混合商品。另外，BugMo 还推出了“蟋蟀汤”。未来，通过运用机器人技术、AI、IT 技术可以搭建蟋蟀自动养殖系统，从给水、撒食到捕获全流程自动化，从而实现稳定的价格和均衡的质量。

很多人都不能接受直接吃掉昆虫。但是，如果是昆虫粉末加工的食品，大家可能就不会那么抵触了。另外，如果不是“蟋蟀”这个名称，而是换成英文的“cricket”，人们心里也会更容易接受吧？

未来，也会有专门出售昆虫食品的自动售货机。蟋蟀、水蝽[①]、龙虱[②]、狼蛛……既有保持昆虫外观的食品，也有各种昆虫蛋白棒，种类繁多。

不完全使用“昆虫”的名称和形象，而是使用更加高明的营销策略开拓市场，这样一来，昆虫食品便会在不知不觉间真正走上人们的餐桌。日本有主打昆虫菜品的高级餐厅，这家餐厅就是位于东京日本桥的ANTCICADA餐厅。这家餐厅由曾经在米其林二星餐厅工作过的白鸟翔太和东京农业大学研究生院从事味觉和酿造研究的山口步梦等人创办。高级餐厅推出昆虫菜品或许也会让人把昆虫当作高级食材看待。

据悉，昆虫食品发达国家芬兰于2017年修改了相关法律，允许利用昆虫作为食材，由此掀起了一股昆虫食品热潮。今后，随着蟋蟀的养殖技术[③]、系统繁育技术[④]的发展，不久后的未来，昆虫将会成为环境友好、营养价值高且方便食用的食材。

---

① 异翅目水蝽科约30种昆虫的统称。

② 龙虱俗称水鳖，龙虱科水生昆虫全球有400多种。

③ TAKEO公司主营业务是食用昆虫养殖技术的开发和应用研究。它们并不在意高效率、自动化的大规模昆虫生产，而是要把昆虫养殖发展成一种农业。

④ GRYLLUS公司利用基因组编辑技术，形成了更适合食用和大量生产的系统繁育技术。

昆虫食品

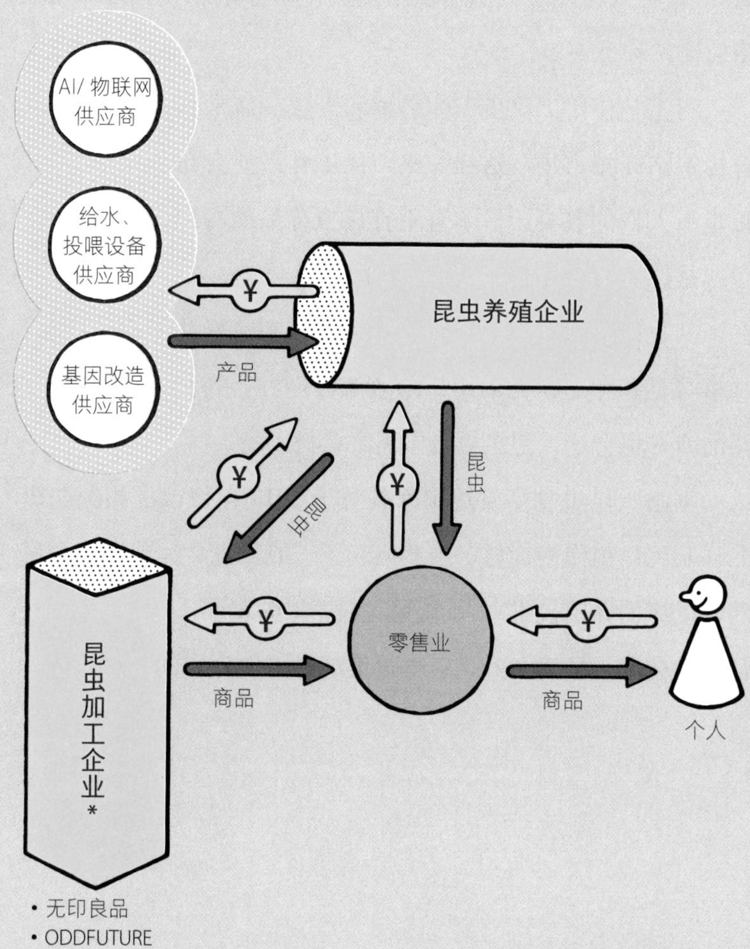

* 昆虫加工企业也可以兼有零售业务

| 17 |

在楼顶上打车

“eVTOL”型飞行出租车正处于开发阶段，并将在 2030 年以后作为连接邻国之间的交通工具正式投入使用。

飞行出租车将采用 eVTOL 形式

未来的飞行出租车将采用 eVTOL（electric Vertical Take-Off and Landing）形式运行，它们就好像直升机一样，不用滑行起飞。这就是所谓的电动垂直起落。在日本，SkyDrive、Tetra Aviation、eVTOL Japan 等企业都在研发 eVTOL 式飞行出租车。

下面介绍一下近年来的飞行出租车项目。最早开发 eVTOL 飞行出租车的企业是 Eve，它们是世界第三大飞机制造商，巴西 Embraer 公司的子公司。Eve 的 eVTOL 采用 Fly by wire 传动方式。Fly by wire 与传统式（将操纵杆和踏板等的动作直接传递给副翼和升降舵）不同，是用电气控制操纵系统的方式。从座位数推测，一辆出租车能载客 4 人。但遗憾的是，目前还不清楚这款出租车的尺寸、重量、电力需求、续航距离、飞行速度等详细参数。另外，Eve 还将独自提供修理、事故处理、驾驶培训、定期检查、保险、位置信息、运行支援等车队管理服务。

Eve 的空中交通管理将采用名为 UATM（城市空中交通管理，Urban Air Traffic Management 的缩写）的新技术。这项技术能保障 eVTOL 在城市上空畅通无阻地飞行而不会造成交通事故。

英国 Halo 公司计划开通纽约与伦敦之间的飞行出租车航

线。Halo 是英国 Halo 航空和美国 Associated Aircraft Group（AAG）合作成立的企业，主要业务是直升机制造。Halo 计划从 Eve 购买 200 架 eVTOL 飞行出租车，预计 2026 年在纽约和伦敦开展空中客运服务。Halo 的目标是构建世界首个全面的城市空中交通客运工具系统。城市空中交通工具是指不受交通堵塞等影响、不需要跑道和驾驶技术、没有噪声和废气的城市空中交通手段。

eVTOL：跨国空中飞行出租车

eVTOL 的商业模式其实也是普通出租车业务的延展，但它与普通出租车有以下几点区别：①空中客运；②运行范围广；③不在机场停靠，直通国外。

搭乘飞行出租车时，用户只需使用打车软件叫车，然后到楼顶等待即可。上车后，利用先进的结算系统（人脸识别等活体检测项目）确认乘客身份，防止被劫持和传染病的扩散。另外，在入境和出境手续方面，我们还需要模仿机场摸索出一套适合飞行出租车的模式。

运行管理系统同样重要。GPS和雷达网可以锁定eVTOL的运行位置、运行高度、运行时间，这能有效避免与其他eVTOL等空中交通工具[①]碰撞，并选择合适的降落位置。这种运行管理系统由目前以航空管制系统见长的英国BAE Systems、英国L3Harris、Lockheed Martin等高科技企业负责制造、维修、供应以及后续的维护管理。

如果Halo在伦敦和纽约之间的航线顺利开通，并成为飞行出租车的展示平台，那么其他eVTOL企业也会相继开通新航线，飞行出租车将会真正走向世界。鉴于Halo的业务计划，eVTOL的开发项目预计在2025年前后完成，并开始应用。之后，随着运行系统的完善，预计2030年以后将形成一定规模。

① 空中交通工具，是指无人机、飞行出租车等“在上空移动的运输工具”。目前世界各地都在进行空中交通工具测试，预计2030年后，大大小小各式各样的空中交通工具将在空中自由穿梭。

飞行出租车

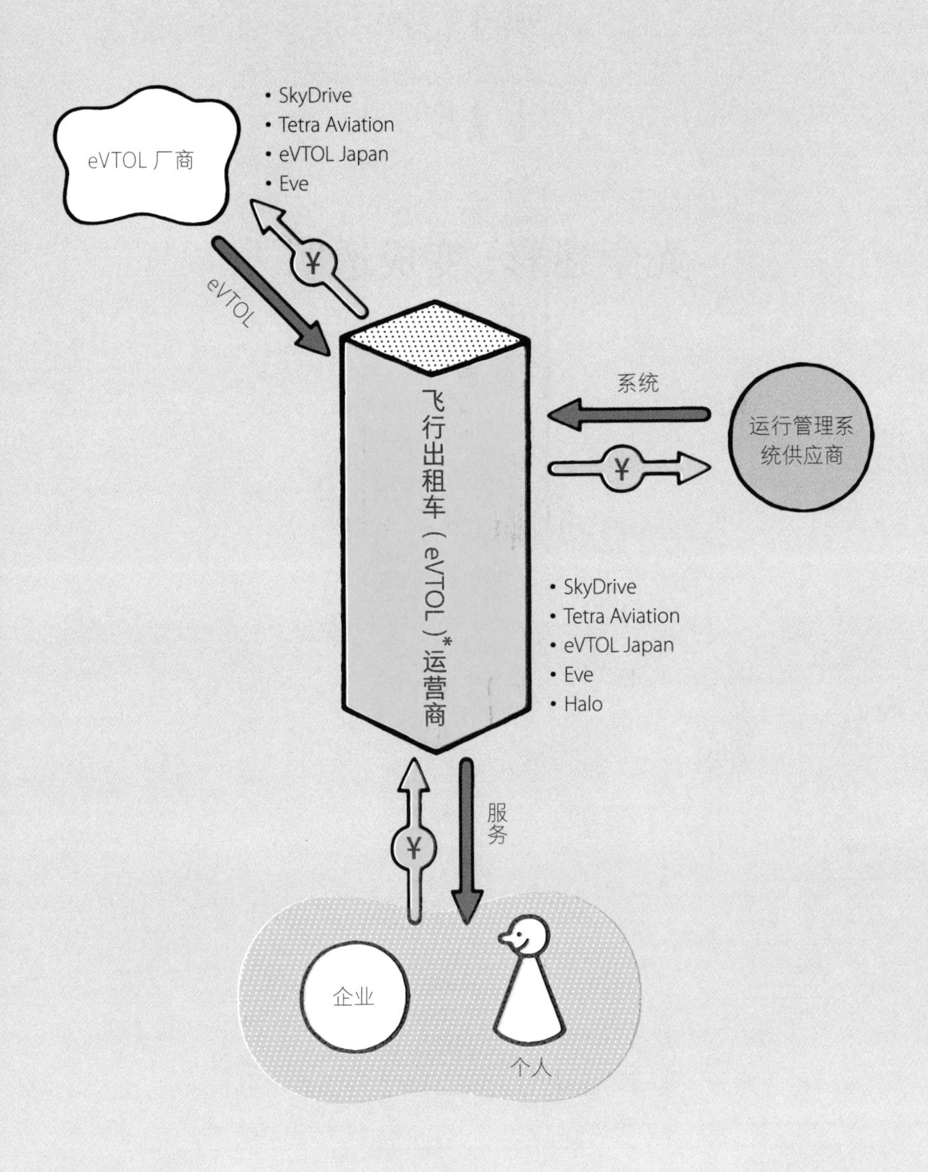

* eVTOL 厂商兼做运营

| 18 |

光学迷彩：变成透明人

透明人技术不仅在军事领域得到应用，未来也可能被用于娱乐、能源、自动驾驶等领域。

光学迷彩：让你变成透明人的技术

作为光学迷彩的一大分支，目前人类已经掌握了通过光学原理，让对象的观感接近透明的技术。开发这项技术的企业是加拿大的Hyper Stealth Biotechnology[①]。一张和纸差不多的薄布，只要覆盖在平面上，瞬间就会融入背景，仿佛透明了一样。这张薄布其实利用了柱状透镜的原理。所谓柱状透镜原理，是指在薄布表面上排列着无数细长的半圆柱体凸透镜。这种半圆柱体凸透镜具有凸侧方向的像保持不变，但半径方向的像“消失”或变得难以看见的特性。通过将这样的两张薄布相互配合，我们就能实现“透明人”现象[②]。此外，这种薄布很轻，方便随身携带，而且不需要电源，价格低廉。这种薄布不仅在可见光下，在紫外线、红外线、短波红外线下也能发挥作用。这是一项不分昼夜都能正常使用的技术。

在日本，东京大学稻见昌彦教授也开发出了使用“递归性反射材料”的光学迷彩技术。递归性反射材料的特征是入射的光不会散开，而是直线反射，所以投射与背景相同的影像时，会直线反射回观看的一侧。因此，将背景投影在涂有递归性反

---

① 加拿大的世界级军用制服制造商，成立于 1999 年。该公司的伪装图案（迷彩图案）颇受各国军队好评，包括美军、约旦军等世界 50 多个国家的军队都引进过该公司的技术。

② 据说在第二次世界大战之前这种技术就已经出现，可见其门槛并不是很高。Hyper Stealth Biotechnology 的成功告诉我们，太多物理学家刻板偏见太强，甚至不愿意着手开发这方面的技术。

射材料的薄片上，看起来就像融入了背景一样。

另外，“超材料”这种具有负折射率的物质也备受关注。英国伦敦帝国学院的约翰·彭德利（John Pendry）教授等在2006年发表了“透明斗篷”理论。他们认为，如果用具有特殊负折射率的超材料覆盖物体，该物体看起来就会变成透明的。因为折射的方向相反，所以光的路径呈“巛”字形弯曲。

透明人技术：从军用到娱乐

光学迷彩技术即将开拓如下市场，同时形成相应的商业产链。

◎ 军事、国防

如你所想，光学迷彩技术将应用于军事领域。光学迷彩的使用场景很多，比如军装的伪装图案、防卫装备的迷彩等。

◎ 能源

使用光学迷彩技术，可以增加太阳能板的发电量。根据实验，科学家们对比了增设锥形薄布和只使用普通发电板的发电量。结果显示，前者发电量是后者的 3 倍。通过优化薄布的安置方式、张数、太阳能面板的半导体种类，确实可以增加发电量。

◎ 娱乐、广告

利用在光学迷彩薄膜上投放立体投影的全息投影技术，可以应用在广告宣传和演唱会布景等方面。这种技术的优势在于操作方便、铺设容易且价格低廉。

◎ 自动驾驶汽车

自动驾驶汽车配备了 LiDAR① 系统。LiDAR 只使用一道激光。如果能增加多道激光，信息量就会增加，分辨率也会提高，同时安全性也会提高。据说通过使用这种柱状薄布，可以将一道激光分割成近 400 万道小激光。

到 2021 年为止，光学迷彩的技术完成度已经很高，但发展仍在继续。除了光学迷彩，还有通过电动控制，实现负折射率的技术，利用光学原理，将对象物“融入”周围环境的影像投影技术也在不断推陈出新。预计 10—20 年后，光学迷彩的功能会逐渐增加，性能不断提高，应用场景越发多元化，届时必然引发整个市场的剧变。

---

① LiDAR 是 Light Detection and Ranging 的缩写。指的是一种利用激光照射对象物，再用传感器观测其散射光和反射光，从而侦测对象物的距离和对象物的性质等的技术。

透明人服务

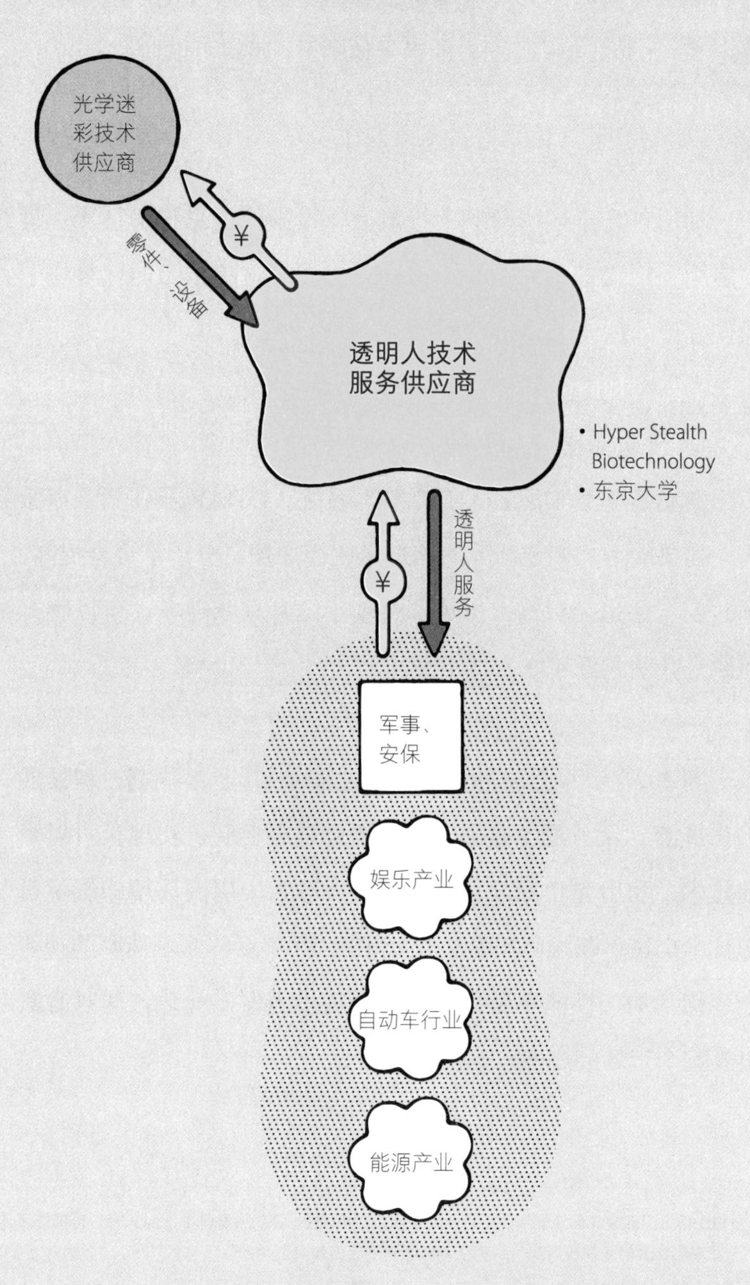

光学迷彩技术供应商
零件、设备
¥
透明人技术服务供应商
• Hyper Stealth Biotechnology
• 东京大学
¥
透明人服务
军事、安保
娱乐产业
自动车行业
能源产业

| 19 |

探测器：瞬间洞悉世间事

随着 AI 和演算、推算算法的发展，“探测器”也将迎来一次进化。今后，探测器将朝着小型化、轻量化和低价格化方向发展，并逐渐进入大众市场。不久的将来，探测器将成为一款常见的智能设备。

智能眼镜、AI、AR、物联网传感器助力探测器发展

各位是否记得，在漫画《龙珠》中，弗利萨一伙能够通过机器侦测别人的战斗力，那就是一种探测器。未来，或许我们也能用上显示各种高级数据的探测器。

下面介绍一下探测器的研发进度。显示信息的“智能眼镜”属于眼镜型可穿戴设备。虽然外观是眼镜，但没有矫正视力的功能，而是通过镜片显示信息、影像、播放音乐等。这里请允许我将探测器定义为通过智能眼镜、AI、AR、物联网传感器等技术，分析并显示各种信息的设备。

宫崎大学的川末纪功仁教授，开发了一款探测器（眼镜型），用户只要戴上它就能瞬间知道小猪的体重。当然，我们不需要把小猪放在秤上识读数字，而是用 AI 和 AR 技术估算小猪的体重，这款探测器由 3D 摄像头①、智能眼镜、倾斜传感器②和计算机（运算 PC）构成。先用 3D 摄像头拍摄小猪的图片，之后再将这张图片上传到设备自带的运算 PC 中。接着计算机对这张图片进行处理和运算，从而推算出小猪的体重。最后，小猪的体重数值就会显示在智能眼镜的镜片上。计算机在处理、运算小猪体重的过程中，使用的是标准猪体模型。计算机会将其与 3D 摄像头拍摄

① 拍摄三维数据的摄像头。

② 传感器可以检测佩戴智能眼镜的人的头部倾斜。

的图像进行对比，同时估算小猪的体重。也就是说，机器是根据“这样大小的猪，差不多有这样的数据”的数据，一边比较一边推算猪的实际体重的[①]。小猪的照片没拍好也没关系，因为这款探测器还具有修正姿势和身体形状等功能。通过这样精密的处理和运算，体重误差几乎可以控制在百分之几以内。

探测器：和手机一样重要

与 iPhone 和 Android 手机一样，探测器也将走上智能化路线，开发出自己的操作系统，并为各企业提供云服务。

◎ 农业、畜牧业

到 2021 年为止探测器只能用于估算小猪的体重。但今后除了小猪，我们也能用探测器估算其他家畜或农作物最佳出栏、收获和上市时间。

① 以往给猪称重是个体力活，而且很费时间。所以那时也有不少养猪户不测量猪的体重，仅凭饲养天数和猪的外观就能判断猪的出栏时间。

◎ 普通家庭

就像智能手机、平板电脑一样，探测器也会成为人人都能用得上的智能设备。探测器还能跟社交媒体联动，显示最近发生的新闻、交通事故、拥堵情况、地铁延误情况等信息。

◎ 医疗

如果探测器能与各种医疗数据和 AI 等相结合，便可以应用于医疗领域。比如可以先通过 AI 分析就诊患者的体温、体重、表情信息，再将可能的疾病显示在探测器上，医生使用探测器便能给出更精准的诊断。

日本 QD Laser 公司面向视障人士开发出一款智能眼镜。这款智能眼镜支持将影像直接投射到视网膜上。这样一来，视障者就可以和正常人一样走路和工作了。

◎ 旅游

当我们走在街上，探测器会为我们指出附近餐馆、店铺的打折信息和推荐商品。到了旅游景点，探测器还会变成游客的贴身导游。

探测器能分析、推测并显示各种各样的信息，这种未来感十足的机器，不由得让人想起《龙珠》中的场景。虽然探测器技术已经实现，但今后 AI 和运算、推算的算法还将继续发展，随着设备价格的降低和小型化、轻量化的发展，探测器终将在市场中普及。

探 测 器

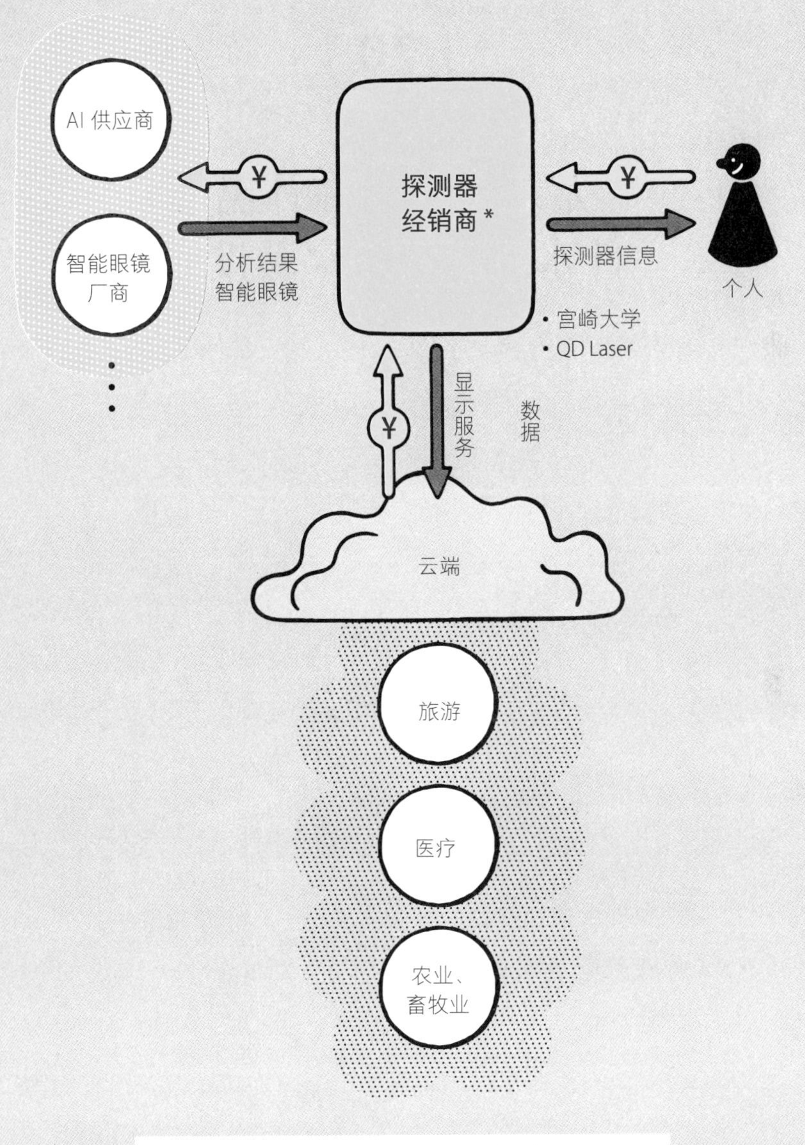

* AI 供应商、探测器厂商也可销售探测器

| 20 |

无须充电！靠体温、汗水可驱动的穿戴设备

一次性电池已经过时，就连充电电池也快要失去地位了。预计 2030 年以后，人们将会使用利用体温和汗水发电的可穿戴设备。

体温发电，我即电池

科罗拉多大学博德分校的章良潇（音）博士等人开发的穿戴设备只要紧贴皮肤就能通过体温和汗水发电。这款发电设备仅有戒指一般大小、成本低、灵活性强（有伸缩性），且具有自我修复功能等。这款发电设备利用了塞贝克效应①，每 $1cm^2$ 皮肤可产生约 1v 的电压。如果把设备做成普通腕带大小，则大约可以产生 5v 的电压。由于这款充电设备可循环利用，所以比传统的电子设备更为环保，还可以像乐高积木一样叠加发电模块，提高功率。

东京工业大学的菅原聪准教授正在研究利用体温发电的新型装置"微型热电发电模块（μTEG 模块）"。另外，由大阪大学、早稻田大学、静冈大学、产业技术综合研究所等组成的研究小组也应用传统的导体集成电路的精密加工技术，成功开发了利用体温发电的设备。在 5℃ 的温差下，每 $1cm^2$ 可发电 12μW。由于可以用与现在半导体集成电路相同的方法制作，因此可以大量生产，成本有望降低。

美国 MATRIX② 公司研发的世界首款采用体温发电的"热发电技术"智能手表"MATRIX PowerWatch"系列现已进入市

① 所谓塞贝克效应，是指由于某种物质（半导体等）两端的温度差而产生电动势能的现象。该技术仅依靠不到 40℃的体温和气温的温差发电。

② 2011 年在硅谷成立。物质科学的尖端企业。

场化阶段。这款产品由热电元件和助推转换器[1]组成。它不仅可以用体温发电，还可以蓄电，即便暂时取下，也可以用蓄电驱动。

不需要电池的穿戴设备或可引领通信新风尚

不需要电池也不需要充电的穿戴设备将成为像 Apple Watch 一样的统筹各类信息的智能设备。不久的将来，这些设备将进入以下领域。

◎ 手表

传统手表、电子表也将迎来进化，比如不佩戴时用太阳能电池发电，佩戴时则利用人体体温发电。

◎ 智能眼镜、探测器

在前文中介绍的智能眼镜和探测器，今后也可以使用体温

① 所谓助推转换器，是指将热电元件产生的低电动势提升、转换到可使用水平的一种机器。

发电技术。

◎ 保健

这种内置小型物联网传感器的穿戴设备可以测量消耗的卡路里、步数、睡眠质量等。只要用上这个技术，前文提到的一切支持物联网的穿戴设备今后都不再需要充电。

◎ 野生动物研究

未来在野生动物活体研究中，我们可以给它们装上传感器，提高科研效率，还可以利用动物体温为传感器提供电力，摆脱电池的束缚。

这项技术还有望应用于边缘计算机（Edge computer），即不经过云端，在终端附近处理数据的计算机。如果不向云端发送信息，而是通过终端进行分析和处理，处理数据的时效性必然更强。

到 2021 年为止，利用体温、汗水等发电的可穿戴设备已经走向应用阶段。市场化的脚步也越来越快，不到 10 年，类似产品便会在市场普及。

体温发电，人体发电

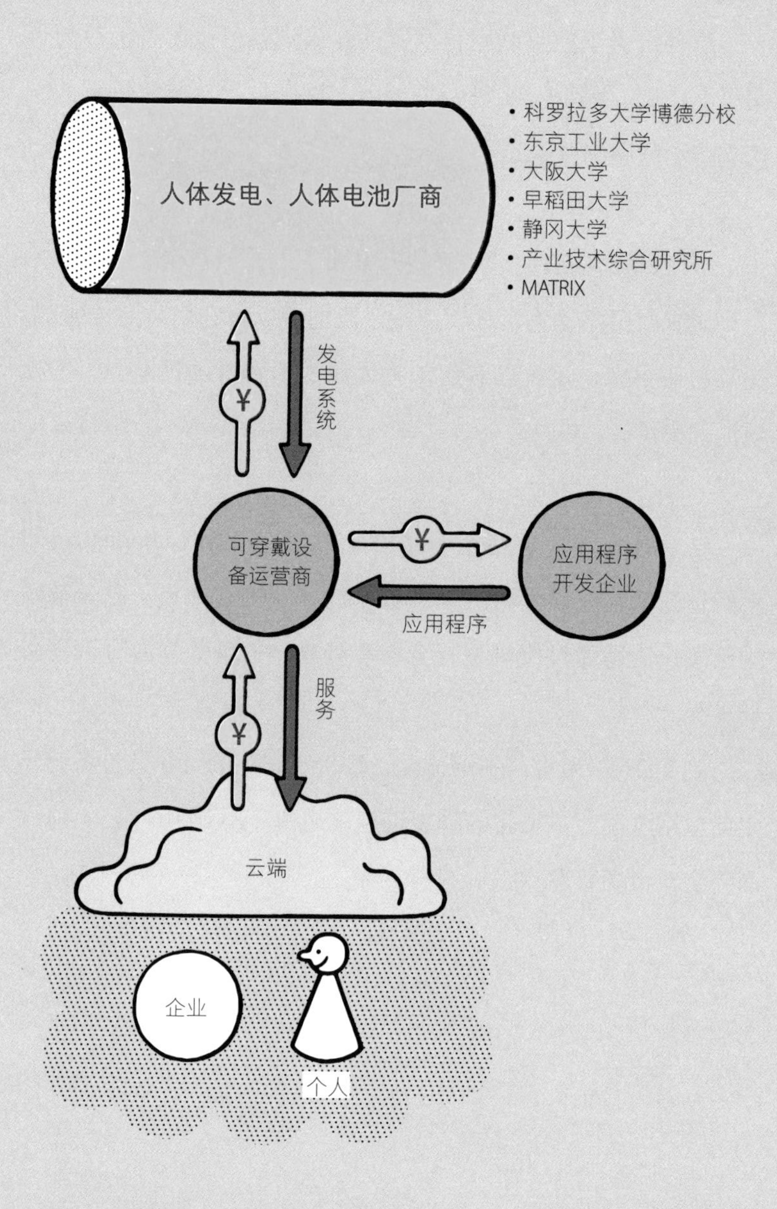
人体发电、人体电池厂商
• 科罗拉多大学博德分校
• 东京工业大学
• 大阪大学
• 早稻田大学
• 静冈大学
• 产业技术综合研究所
• MATRIX
¥
发电系统
可穿戴设备运营商
¥
应用程序开发企业
应用程序
¥
服务
云端
企业
个人

| 21 |

污水的循环再利用

沙漠地带、自来水基础设施不完善的国家和地区需要喝上放心、安全、清洁的淡水，而净化水技术则能打开它们的市场。

净化水技术的关键是滤膜和多孔材料

水是人类的生命之源。未来，不论何时何地，你都不会有缺水的烦恼。下面介绍一下净化水技术的发展情况。

目前，人类已经掌握了海水淡化技术。例如日立造船等企业利用反渗透膜技术（RO: Reverse Osmosis），将加压至渗透压以上的海水灌入半透膜，从而过滤出淡水。同时，这些企业已经将反渗透膜净水设备销往冲绳的离岛和世界各国。

下面介绍一种利用空气造水的装置。这种装置十分适合在近海沙漠使用。美国加利福尼亚大学伯克利分校的奥马尔·亚吉（Omar yaghi）教授研究了具有多孔质结构的金属有机骨架（MOF: Metal-Organic Framework）。Water Harvester（水收获机）就是利用 MOF，从沙漠的空气中高效集水的装置。

美国的 SOURCE 公司开发出了一种名为“Hydropanels”的板型装置。这种装置大小和太阳能电池板相近，可以安装在屋顶上使用。装置面板上的吸水性材料可以从大气中的雾气中吸附水分，随后利用太阳能加热产生水滴，再将水滴储存在储水槽里。一块面板一天最多可以产生 5L 淡水。除此之外，SOURCE 还有利用空气制造水的饮水机。

日本 WOTA 公司开发出了在没有自来水的地方也能使用的便携式水再生设备。旗下的“WOTA BOX”支持重复利用 98% 的污水。经由 WOTA BOX 的过滤，污水也能变成可以沐浴、冲厕所、洗衣服的生活用水。这款机器的尺寸比自家用的煤油炉稍微大一些。另外，还有搭配水龙头使用的“WOSH”净水机，尺寸略小于汽油桶。这款净水机内置3个由活性炭和RO膜组成的过滤器，通过深紫外线的照射和氯类消毒剂，能消杀99.999 9%的细菌和病毒。

下面让我们放眼浩瀚星海。国际宇宙空间站ISS也在使用水再生系统（WRS：Water Recovery System）。宇航员们将回收的尿液蒸馏并转换成淡水，同时收集空气中的水蒸气和生活废水，最后将这三种水一起进行过滤、净化处理，用于饮用和生活用水。栗田工业也在国际宇宙空间站ISS验证了用尿液和汗水制作饮用水的系统[①]。

净水技术在基础设施、救灾和休闲领域大放异彩

净水设备可以作为基础设施向水资源缺乏的地区和内陆地

① 栗田工业的水再生系统通过离子交换去除尿中的钙和镁，在高温高压下进行电解，从而分解有机物。最后进行电洗，制成饮用水。

区销售。为了保障沙漠地带、无人区以及人迹罕至地区的生活用水，当地应该把净水设备提高到基础设施的地位，并积极引进。而设备制造商则应努力让自己的产品远销海外。

此外，净水设备将销往以下市场。

◎ 市政当局

地震、海啸等自然灾害会破坏自来水设备。市政当局应该购入净水设备以备不时之需。

◎ 娱乐设施

去没有自来水的地方露营时，可以利用净水设备获取饮用水或洗漱用水。如果能开发出更便携的净水器，或许还能开拓个人和家庭市场。

◎ 航天

净水设备还可以安装在太空酒店、太空殖民地、月球和火星移民的居住设施内。美国 Gateway Foundation 公司宣布，将在 2027 年前开设太空酒店，所以这项技术正是它们必不可少的。

虽然净水技术已经投入应用，但如果想让净水设备成为面向政府和市政当局的基础设施，还是要考虑引进成本和当地政策方针。而面向民间企业的产品，价格往往是首先需要考虑的问题。随着大型生产基地的发展和海外应用经验的积累，净水器的成本会不断降低，普及率则会不断提高。

净 水 设 备

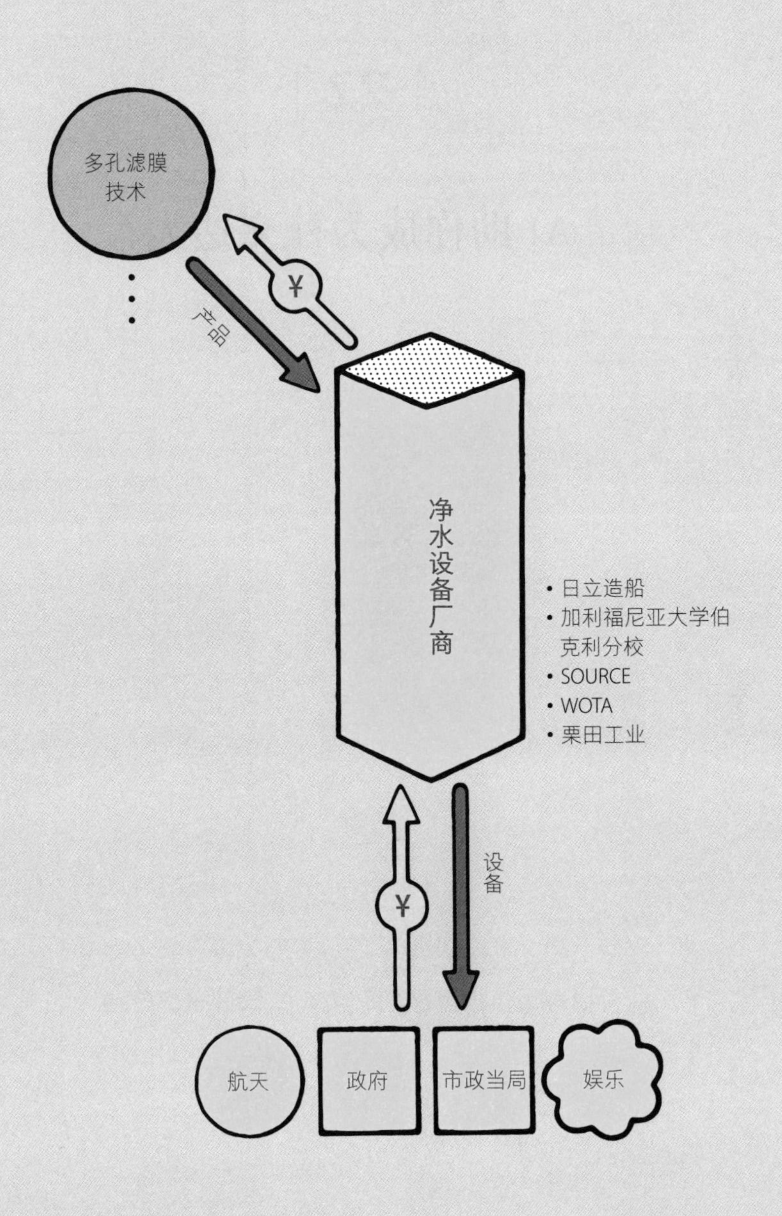

多孔滤膜技术
¥
产品
净水设备厂商
• 日立造船
• 加利福尼亚大学伯克利分校
• SOURCE
• WOTA
• 栗田工业
¥
设备
航天
政府
市政当局
娱乐

| 22 |

AI 助你成为社交达人

今后，基于情感识别 AI 的服务将会逐渐进入市场，无论是商务谈判还是朋友间的交流，AI 都能帮你打通人际关系的“任督二脉”。

情感识别 AI：读懂你的心

如今，AI 的面部识别技术已经得到发展，甚至可以分析人的表情（不只是单纯的喜怒哀乐）。AI 已经能够辨别人们感情的细微差别，例如，在看到某商品时是发自内心地感兴趣，还是实际上并没有多大兴趣。除了微表情、动作以外，AI 还可以通过眼神、视线、瞳孔变化等推测人们下意识的感情和内心的想法。通过精密、高速的摄像机捕捉眼睛的变化和细微的表情，再通过 AI 进行深度学习[①]，这就是 AI 读心背后的秘密。

从 MIT 媒体实验室独立出来的美国 Affectiva 公司[②]开发了名为“Affdex”的情感识别 AI 和名为“心灵 sensor”的应用程序。通过使用这种情感识别 AI，可以从视频和实时影像中分析人类的情感。这款 AI 可以从 34 个面点（face point）动作中，分析出 21 种表情、7 种情绪和 2 种特殊指标。此外，该公司还特地开发了基于心灵 sensor 的“心灵 sensor for Communication”软件。该软件可用于在线会议，使用图像识别用户的感情、表情、手势、面部朝向，并将其状态通过虚拟形象显示在画面上。通过虚拟形象，可以减轻那些不愿意出镜的受访者的心理负担。

---

① 深度学习，让计算机学习人类行为（识别、预测声音、图像等）的方法。

② 此外，这家公司还与日本的 CAC 一起开发了名为“Automotive AI SDK”的 AI 项目。它可以测量司机的情绪、睡意、头部的角度和走神频率等。可以防交通事故于未然。不仅是驾驶员，这款 AI 还能实时掌握同乘者的情绪和反应，保障车内的舒适和安全。

除了基于图像识别的情感识别 AI 之外，世界上也有很多企业正在开发基于语音的情感识别、基于文本的情感识别以及基于生物信息的情感识别等。

情感认知 AI：搞好人际关系

情感认知 AI 可以向以下领域开拓市场。

◎ 企业销售岗

日复一日东奔西走，忙忙碌碌，这种老旧的销售方式将成为过去式。因为只要了解对方的心情和想法，就不会浪费时间和精力，而是能有的放矢地制定方案，做有效的推销。

◎ 商务洽谈、谈判

即便疫情结束，人们也会习惯参加线上会议吧？因此，如果使用搭载了情感识别 AI 的软件，就可以了解并分析全体会议参加者的心情和想法。此外，使用前文提到的“心灵 sensor for Communication”，就可以用虚拟形象来展现那些不开摄像头、不发言、关闭麦克风的人的感情了。

◎ 婚介、求职

联谊、婚介、求职相关企业也可以引进情感识别 AI。因为利用这种 AI 可以尽早了解对方对自己的看法和内心评价，所以能够有效提高办事效率。另外，近年来交友软件越来越普及。很遗憾，现在的软件只能发送信息，若是今后相关软件搭载了情感识别 AI，使用者就能互相传情达意了。

情感识别 AI 领域的“玩家”并不多，处于寡头垄断状态。因为这是一个技术壁垒相当高的产业。而那些需要了解客户情感态度的行业则迫切需要使用情感识别 AI。因此我们需要在情感识别 AI 的隐蔽性方面多下功夫，不要让对方察觉你在对他使用 AI 技术。而相关技术进入市场还需要 10—20 年的沉淀。预计面向 B2B 的企业服务和面向 B2C 的个人服务都将以订阅制形式呈现。

情感识别 AI

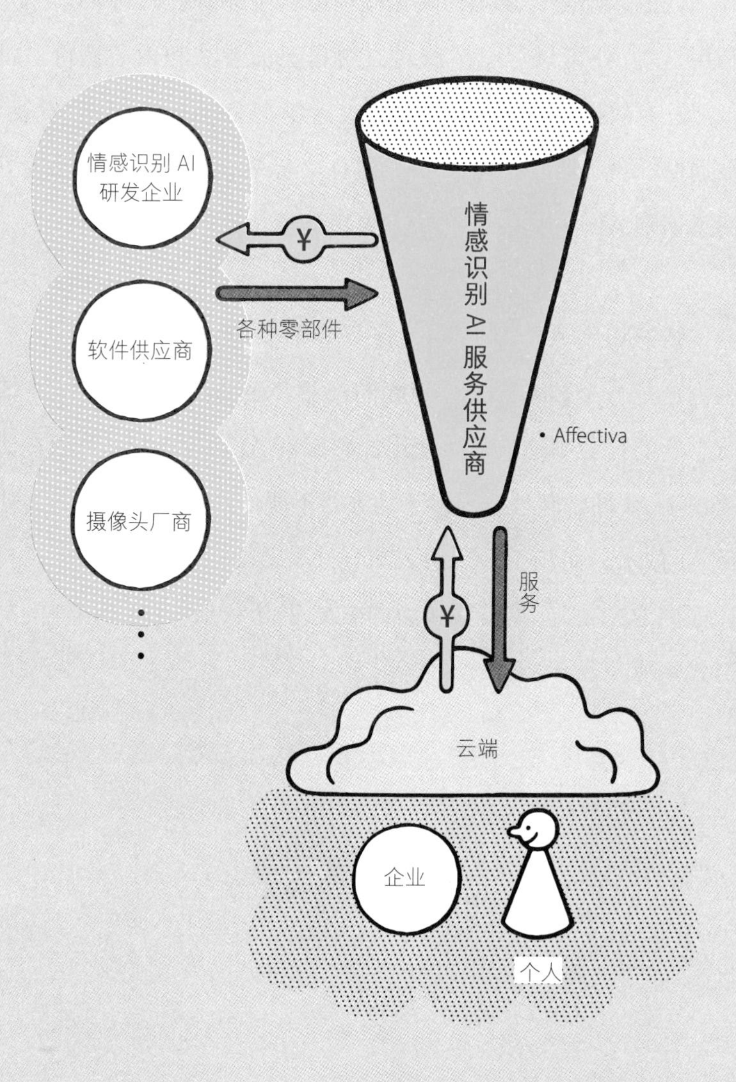

情感识别 AI
研发企业
软件供应商
摄像头厂商
¥
各种零部件
情感识别 AI 服务供应商
• Affectiva
¥
服务
云端
企业
个人

| 23 |

与你的宠物谈谈心

你相信吗？通过技术手段，我们可以掌握宠物的心情。随着技术的进步，到2030年以后，我们甚至可以和宠物对话。

“传情达意”需要物联网传感器和深度学习支持

截至 2021 年，虽然还不能和宠物对话，但我们已经可以了解它们的心情了。这是通过使用 AI 的机器学习和深度学习，从庞大的数据中提取宠物的情感特征来实现的。

加拿大的 Sylvester.ai 推出了应用程序 Tably。这款程序的使用方法很简单，只要在手机上下载软件，再拍摄宠物（小猫）就可以了。随后软件再和小猫不同情绪时的表现匹配，用户就能了解小猫现在的心情了。想要了解宠物的心情，就需要使用计算机视觉[①]和 Feline Grimace Scale[②]指标。如果将有疼痛症状的宠物和没有疼痛症状的宠物进行图像对比，就会发现这一指标存在差异。这款应用程序是针对宠物猫设计的，评价不错，使用它可以帮助严重皮肤过敏的小猫恢复健康、检测老年猫是否需要注射镇痛剂、检测小猫是否患有关节炎等。通过应用程序，还可以配合兽医进行远程医疗。

日本电气（NEC）开发了 PLUS CYCLE（搭载物联网传感器的项圈），可以使用 AI 了解宠物的心情。项圈上装有速度传感器和气压传感器，可以检测宠物的行为，随后 AI 根据这些行

① 代替人类的视觉，自动运行，让计算机拥有类似人类的视觉。

② 这是机器学习中使用的算法，由蒙特利尔大学附属动物医院开发。通过①耳朵的位置；②眼睛的张开程度；③鼻尖到嘴角的紧张度；④胡须的位置；⑤头部的位置这 5 个位置可以反映猫的疼痛。

为分析宠物的心情，并把分析结果通过 LINE[①] 发送给用户。而且答复方式也很有特色，主要是模仿宠物的语气发送类似“好困哦～”或者“我起床了……”之类的信息。

日本的风险企业 Anicall 开发了利用宠物脖子上的传感器和应用程序，掌握宠物各种状态的技术。通过这项技术，用户甚至可以掌握宠物吞咽食物的情况、咀嚼情况、温度和湿度、运动量等。

从宠物用品市场走向动物园

现在，宠物情绪感知的服务对象是宠物（狗和猫），但今后的服务对象可能会扩大到各种各样的动物。因此这项技术的目标市场不仅是宠物用品市场，而且要逐步拓展到动物园。虽然动物园里的动物并不全是哺乳类等高等动物，但想必也有一些饲养员希望能与自己负责的动物建立更深厚的感情，甚至希望与它们进行交流。

① 日本一款即时通信软件，功能类似于微信。

未来，只要我们在动物身上安装小型轻量化物联网传感器，就能实现 365 天 ×24 小时视频监控。同时还能利用深度学习和动物表情的特殊性，实时掌握动物的健康状态和情感状态。而拥有这类技术和产品的企业或许可以通过每天（或定期）为动物园提供服务获得收益。

现在，人类可以通过分析和理解动物的心情来进行单向交流，但双向交流还是很困难的。另外，现在已经开始使用 AI、根据图像分析宠物的心情，与其他检测方式相比，用 AI 对影像进行实时分析并不需要太长的时间。

未来学家[①]威廉·海姆（William Higham）表示“10 年内，我们将会有能和狗说话的设备”。与猫狗等宠物的对话将在 2030—2040 年实现。此外，如果从影像分析过渡到深度学习以及动物表情的特殊指标，则需要花费 20—30 年。如果想要真正实现跟宠物的双向交流，那么至少要到 2040 年或 2050 年以后了。

① 未来学家指的是那些推测未来的人。具体来说，是指一些科学家或社会科学家系统地预测未来，尤其关乎人类社会的生命演变，以及地球的未来。

宠物对话

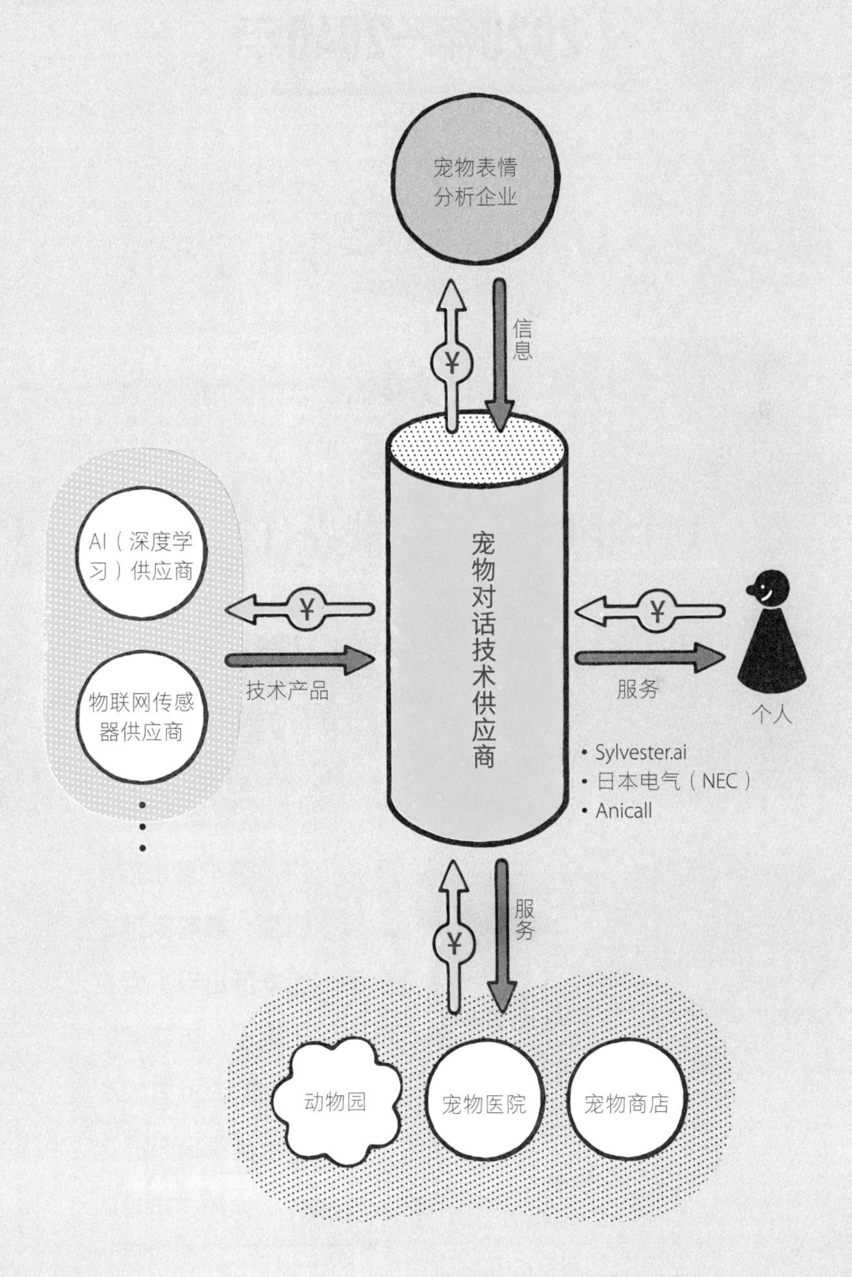
宠物表情分析企业
信息
¥
宠物对话技术供应商
AI（深度学习）供应商
物联网传感器供应商
技术产品
¥
服务
¥
个人
• Sylvester.ai
• 日本电气（NEC）
• Anicall
服务
¥
动物园
宠物医院
宠物商店

2020年—2040年

| 24 |

1 个小时内到达世界任意角落

从羽田机场到洛杉矶，坐飞机大约需要 10 个小时。但是，到 2030 年或 2040 年，或许不到 1 个小时我们就能到达世界的任意角落。

火箭飞车，飞向太空

现在，有些运输机（火箭型和有翼型两种）也能进入宇宙。这类运输机可以将物品和乘客送往宇宙，但运送物品的频率远远高于载人。正在开发的飞往月球和火星的宇宙飞船 Starship（火箭型），将被用作运输机，乘坐这架飞船，1 小时内就能到达全世界的任何地方。那么，它是怎么在 1 小时内把我们带去国外的呢？原来，它在起飞后会持续攀升，穿过云层，突破大气层，到达宇宙。然后下降，再次进入大气层，着陆到目的地。下面谈谈这种运输机的核心技术。

首先，保障运输机和机内环境安全的技术。因为乘客不是受过特殊训练的宇航员，而是普通人。目前已经存在能够克服发动机运转时带来的猛烈振动和巨大噪声、超过马赫的飞行速度下产生的压力以及微重力（失重）状态，保障安全飞行的技术[①]。

其次，能够进入大气层的技术也非常重要。进入大气层会产生约 1600℃ 的热量。除了能承受这种热量的陶瓷和碳素等材料，一定还会有更便宜、更容易加工的材料。

最后，安全返回地球并着陆的技术。如果是有翼型运输机，

① 2021 年 7 月 20 日，美国企业 Blue Origin 成功带领 82 岁（史上最高龄）女性和 18 岁（史上最年轻）男性进行太空旅行。同年 9 月 18 日，SpaceX 用假肢协助癌症患者完成了 3 天太空旅行（Inspiration4）。

就可以像飞机一样在跑道上着陆。如果是火箭型的话，应该会像 SpaceX 的“猎鹰 9 号”的第一级推进器[1]那样从空中返回，然后保持直立姿态着陆。

飞机商业模式的衍生体

快速旅行技术和现在飞机的商业模式相似。而运输机制造商仅有美国 SpaceX、Virgin Galactic 等企业。

虽然全程不到 1 小时，但乘客还是能在机舱内享受各种服务。电影、电视剧、游戏等娱乐项目自不必说，乘客还能吃到宇宙食品并获得无重力环境的新体验。宇宙给我们的商业模式创造了无限的可能性。

在发射运输机的空间港，自然还会包含餐厅、商店以及运输机维修、燃料供应等 B2B 业务。随着人类迈向宇宙脚步的加快，我们还需要对运输机进行交通管制，对空间碎片[2]进行监控，对信息进行整理、清除，而这自然也会催生出许多新行业。

① 这是 SpaceX 的核心火箭——猎鹰 9 号发射所需的燃料箱部分。

② 即太空垃圾。包括使用完成的卫星、发射后的火箭残骸等。

另外，作为传统纸质票的替代品，我们也可以考虑使用智能手机上的 RFID、二维码，但使用面部识别、静脉识别等生物识别技术则更先进。获得的活体信息可以用于管理用户的健康状况，还能防止“太空抢劫（宇宙版劫机）”。同时航空旅行保险也会得到发展。

那么，我们究竟要花多少钱才能乘坐这种 1 小时畅行全球的运输机呢？运输机大型制造基地的筹备，运输机的改装和再利用技术的进步可以降低运输机的成本。另外，随着乘客数量的增加，成本也会不断降低。因此早期的价格可能和亚轨道旅行[①] 差不多，从数百万日元到数千万日元不等。而到了过渡期，单程费用将会是几十万日元到几百万日元，最终将与现在的飞机票价持平。

另外，物流行业将掀起一场革命。原本很难买到的食材也能进口，饮食文化也会发生巨变，提供新食材和料理的超市及餐厅也一定会尽快加入。原本亚马逊等电商的产品只能在日本国内实现“次日达”，但今后在世界任何地方都可以实现“次日达”。

鉴于“Starship”的开发状况，在不远的 2030 年或 2040 年，人类将能够享受经由宇宙的海外旅行。但还需要一段时间这种旅行方式才能普及，价格也会更加亲民。

---

① 指前往宇宙空间（高度 100km），体验不到 10 分钟的无重力后返回地球，总共 2 小时左右的短时间旅行。

短时间旅行

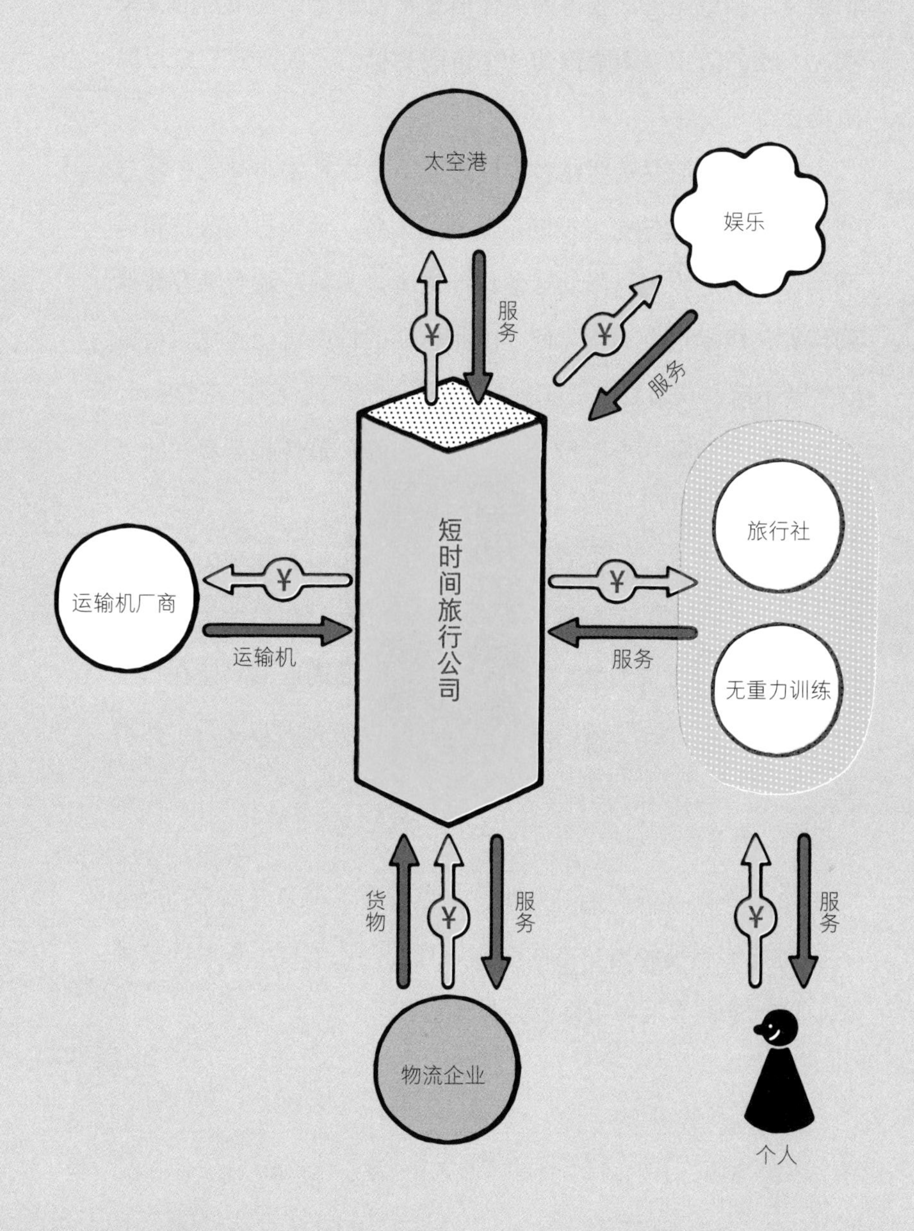

25

超级高铁完胜磁悬浮列车

预计 2030—2040 年，日本的“超级高铁”将会正式开通，2050 年以后将大规模普及。

真空管道中的超高速列车

超级高铁是一种在真空管道中高速移动的列车。超级高铁比喷气式客机（时速 800—900km）更快，时速可达 1 000km 以上。

这种新一代列车是像磁悬浮列车一样利用超导等技术运行的悬浮型列车。之所以要设计成悬浮式列车，主要是因为在轨道上以如此高的速度行驶，车轮和轨道接触发生剧烈的摩擦，有发生车辆损坏和人身安全事故的风险。

那么，为了实现每小时 1 000km 的速度，就必须将空气阻力抑制到极限。因此，超级高铁运行的隧道状空间（管道）会保持真空状态，利用真空降低列车上的空气阻力。

那么，超级高铁将在哪里运行呢？它将和新干线一样，纵贯或横穿全国领土，途经各主要城市。以日本为例，超级高铁管道贯穿全国，长达 1 500km。这就需要完善长距离的管道，让巨大空间保持真空状态，无论发生地震、台风还是其他自然灾害，都不能漏气。此外，车站是乘客上、下车的地方，不是真空，而是加压的空间。因此已经有企业开始研究如何将管道内的真空空间和车站的加压空间分开，使列车可以平稳行驶，乘客也能安全乘车的技术。研发超级高铁技术的企业包括美国 Virign Hyperloop、美国 Hyperloop TT、荷兰 Delft Hyperloop、美国 MIT Hyperloop 等。

新干线运营模式的启发

超级高铁的商业模式可以从日本新干线和欧洲 TGV 等高铁的商业模式中获取灵感。

首先，车辆制造商将开发使管内保持真空环境也不会漏气的加压车辆。这类列车将会使用和国际空间站 ISS 或宇宙飞船上使用的相同种类的密封加压技术。其次，这些制造商还将开发减少空气阻力的理想流线型车体。也有企业负责制造、维护和管理超级高铁的运行管道。为了使广阔的空间保持真空，必须设置真空装置并安装能发现真空泄漏的传感器。同时还要准备好应对真空泄露的应急措施和长期措施。最后，因为列车要以每小时约 1 000km 的速度行驶，为了保障安全行驶和准时行驶，相关部门还要进行车辆运行管理[①]。

超级高铁列车内不仅有数字标牌，还将采用 3D 全息广告。另外，新设的车站及周边将建设购物中心、酒店、公寓等设施。同时，会有企业争相入驻车站附近的写字楼。到时候当地土地价格会有上升趋势，因此房地产、城市开发事业也会得到发展。从物流的角度来看，食品能在高度保鲜的状态下发往全日本。

---

① 新干线的运行管理系统包括“九州新干线指令系统 SIRIUS”、“东海道・山阳新干线运行管理系统 COMTRAC”、东北・上越・长野・山形・秋田新干线的“新干线综合管理系统 COSMOS”等。这些都是日立制作所制定的管理体系。

据研究机构报道，在世界范围内，超级高铁有望从 2021 年算起的 10 年内实现。但真正运行或许还要更晚一些。因为哪怕只是铺设一条贯穿美国各州的（200—300km）超级高铁管道，也需要 10 年以上。而想要做到贯穿美国全境的话就要花更长时间了。因此，超级高铁的大规模运行可能要到 2050 年以后才可实现。

高速铁路发达的国家——日本已经做好了 2027 年开设超级高铁的准备（虽然已有关于延迟的报道），目前正在进行磁悬浮轨道铺设工程。优先铺设磁悬浮轨道的日本，开发超级高铁的进度远超世界平均水平。如果日本国内开通超级高铁的话，从东京到大阪、京都只需 20 分钟左右。

超级高铁

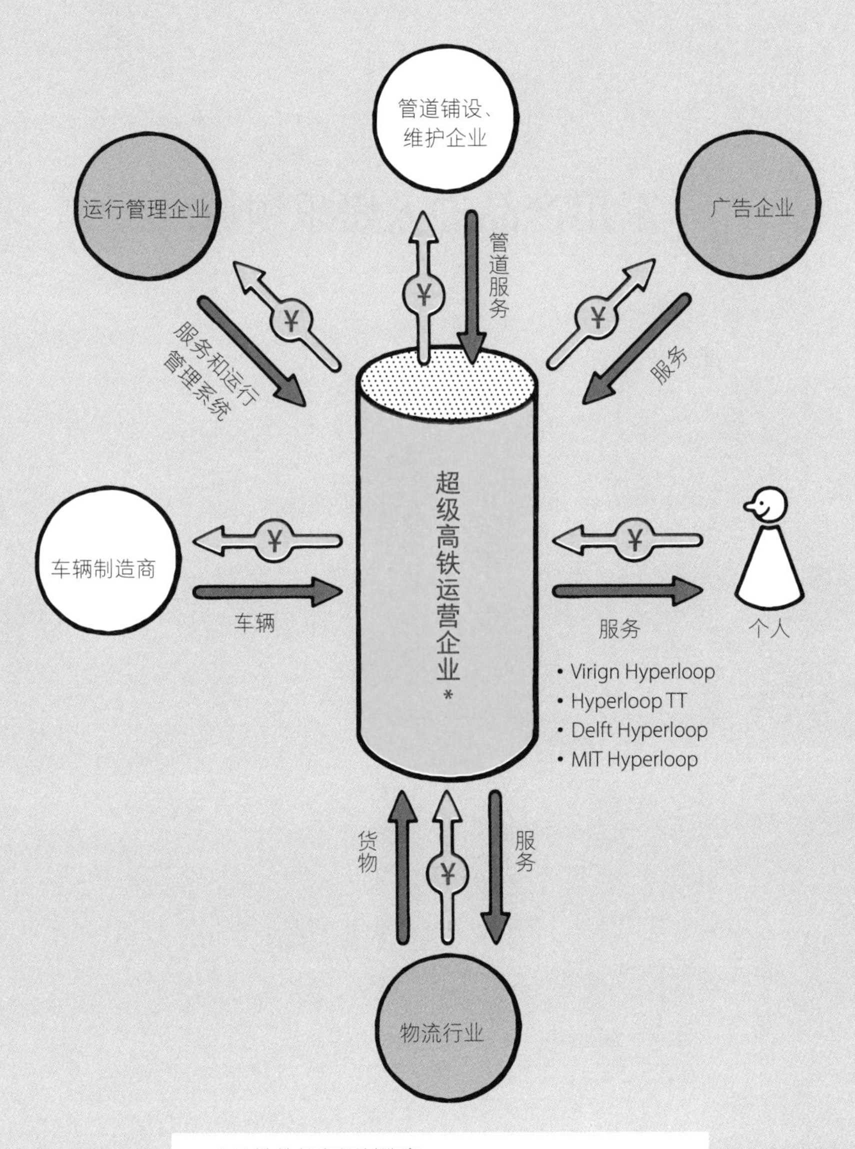

* 目前兼任车辆制造商

| 26 |

军用产品进入娱乐领域

目前喷气服已经开发完成了。喷气服的空中飞行技术很快就会被应用于军事和娱乐领域。但从 B2C 拓展到大众市场还需要一些时间。

像钢铁侠一样，用喷气引擎冲上云霄

喷气服最早是由英国的 Gravity Industries 公司[①]开发的，只要穿上它就能飞上天空。“喷气服”的喷气发动机分别安装在手臂、背部和腰部，通过喷射发动机实现浮空，输出功率可以通过双手的油门强弱来调整。使用者还能通过手臂上的喷气引擎喷射方向控制姿态，从而自由飞行[②]。这简直就像电影《钢铁侠》中的机甲。喷气引擎的燃料是煤油，穿戴喷气服就好像潜水者背上氧气罐。据说这款喷气服本体是用 3D 打印机制造的。

Gravity Industries 还推出了飞行训练服务[③]。第一次穿喷气服飞行，往往要从简单的训练起步。使用者要把称为“救命绳”的安全绳拴在喷气服上，然后小心翼翼地控制喷射引擎。由于喷射引擎会发出轰鸣声，所以训练时要戴上耳机。另外，因为两只胳膊上的喷射引擎很重，所以要放在固定台上才能适应。当然，也要训练它向地面持续喷射，保持浮空状态。

---

① 2017 年成立于英国的一家风险企业。

② 据报道，这款喷气服时速可达 128 千米，高度可达 3 600 米。2019 年 11 月 14 日，这款喷气服以每小时 136.891 千米的速度创造了“身体控制的喷气发动机动力套装最快飞行速度”的吉尼斯世界纪录。

③ Gravity Industries 的主页上有“Flight Experience（飞行体验）”和“Flight Training（飞行训练）”两项服务。Flight Experience 的价格是每人 2 800 美元（含税），Flight Training 的价格是每人 8 300 美元（含税）。

纵贯军事和宇宙旅行领域

喷气服不仅能用于军事训练，本身还可以作为一种娱乐设施。

◎ 军事、国防

政府的军队、国防机关需要喷气服。荷兰海军特种部队和英国海军的军事训练中，已经加上了喷气服项目。海战方面，喷气服可以帮助士兵从一艘船飞向另一艘，当然喷气服也能在陆战中使用。因此军队开设了喷气服操作训练项目。

◎ 娱乐

喷气服也可以面向旅游景区、主题公园等娱乐行业销售。喷气服或许会和海滩漂流项目一样，作为观光地的特色项目。

◎ 代步工具

或许喷气服也能成为一种代步工具。有报道称，目前的喷气服可以飞行 1.4km，因此我们可以想象，喷气服未来可能会成为短途的代步工具。

我们或许可以根据宇宙旅行的发展来预测喷气服的未来。宇宙旅行需要提前训练，这和喷射服一样，为了自由自在地飞行，使用者必须掌握在飞行中控制自己姿势的能力，因此肌肉力量和平衡感是不可缺少的。而对于那些无法承担喷气服重量（约 30kg）的人、体重过大的人、力量和平衡感都相对一般的人而言，操作喷气服难度较大。

而且喷气服目前的价格还很高[①]。虽然现在只面向富裕阶层，训练也会有些苛刻，但随着科技的进步，喷气服也会朝着小型化、轻量化发展。同时随着喷气服推力和比冲量的提高，产品价格和操作难度都会逐步下降，训练项目也会简化。

为了促进喷气服降价，我们需要提高该产业的规模、提高操作教学技巧、让不同的人都能学会操作。当然，这一过程还需要 10—20 年，在那之后产品的价格就会开始降低，同时也会向大众市场普及。

---

① 这款喷气服在英国高级连锁百货公司“Selfridges”的标价是 5 000 万日元。但目前还不清楚是否可以在 Selfridges 买到现货。

喷气服

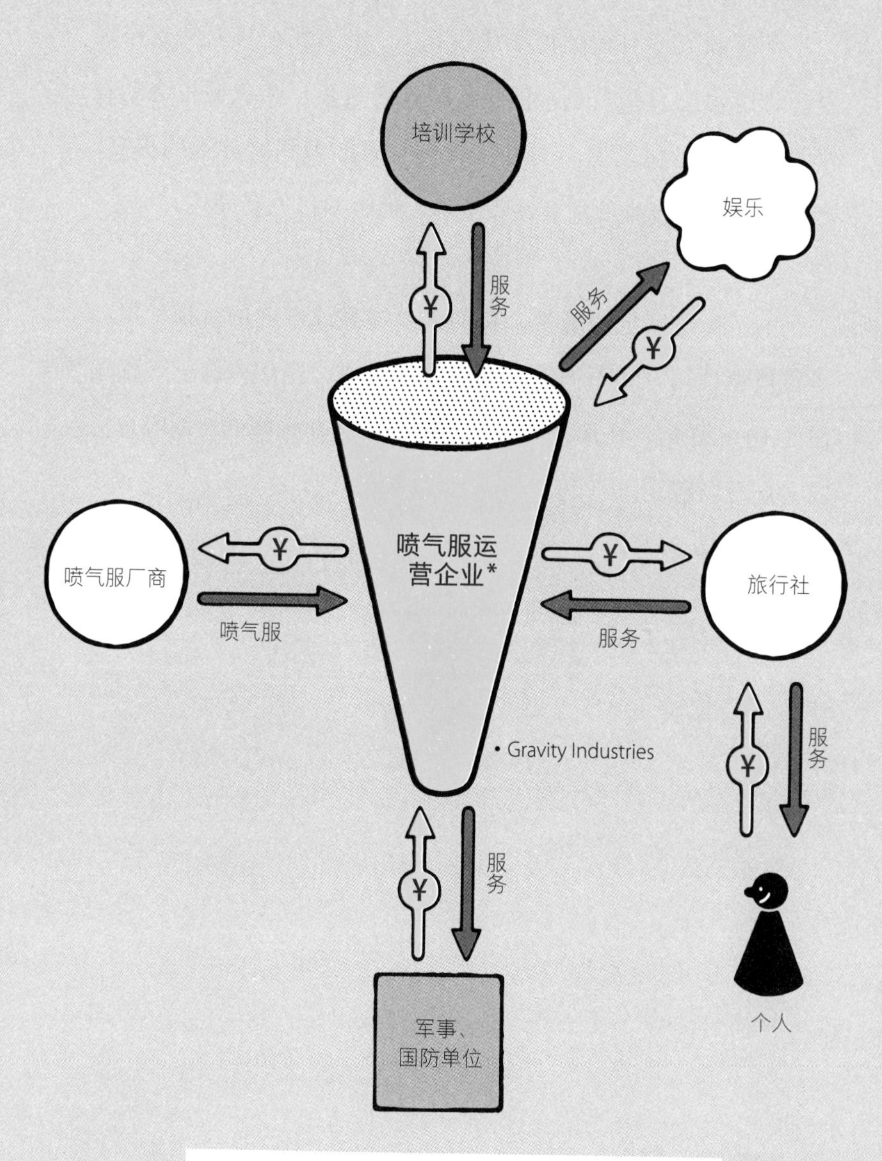

* 也有同时兼做喷气服制造商和培训学校的情况

| 27 |

无须线路连接，随时随地充电

未来，人们不用插座，也不用无线充电器，只要一进门就能给设备充电。预计 2040 年，这项技术就会普及。

使用红外线激光、电波、磁场进行无线充电

未来，我们只要走进房间就能为设备充电。下面给各位介绍一下目前的技术开发进展。

现在部分智能手机已经配备了 Qi 标准[①]的无线充电功能，只要“放在”充电板上就能充电，如今这项技术已经十分普及。无线充电这一分类虽然没有做细分，但目前所谓的无线充电，并不能达到真正意义上的无感充电（进门就充电）。

那么，让我们一起来看看实现“进门就充电”的技术吧。NTT docomo 开发了 Wi-Charge 无线充电设备。只要在天花板上的照明灯中嵌入 Wi-Charge 发射器，就可以利用红外线激光供电。但手机也要同时装有接收红外线充电的元件（类似太阳能电池），才能进行充电，且充电范围为 4m 左右。

中国的小米公司开发了新一代无线充电技术“Mi Air Charge Technology”。它可以为半径数米以内的设备提供 5W 的无线充电。如果是 5W 的话，和数据线充电几乎别无二致。Mi Air Charge Technology 在无线充电设备中内置了 5 个相位干扰天线[②]，可以掌握手机的位置。通过使用由 144 个天线构成的相位控制阵列波束

---

① Qi 标准是一种无线充电标准，可在不连接线缆的情况下充电。充电器负责输电，上面装有输电用的线圈，在充电侧的终端上装有受电用的线圈。

② 所谓相位干扰天线，是指如果能够接收到与来自智能手机的电波的相位同向的电波，就能够知道电波的方向并确定智能手机位置的天线。

成形[①]而产生的毫米波，对手机进行无线充电。说句题外话，小米还申请了“声音充电专利”，即将声音的振动转换成电信号进行充电。

东京大学的川原圭博教授等人正在开发一种“多模准静腔谐振器（Multimode QSCR）[②]”，将输电设备嵌入房间的天花板、墙壁、地板中，产生磁场，就可以给智能手机等电子设备充电。这项技术其实是利用了法拉第定律充电。此外，这种磁场还将使“悬浮设备”成为可能。例如，我们可以让显示器浮空或者收纳到天花板上。

室内无线充电需要与其他领域合作

截至目前，Wi-Charge 和 Mi Air Charge Technology 尚未确定商业化。尽管如此，此类无线充电设备也将配合下列产品逐渐普及，并最终形成 B2C 商业模式。

① 调整相位控制阵列的电流相位，使电波在某个方向上的相位相同，就能在该方向上发送具有强方向性的电波的技术（波束成形）。

② “多模准静腔谐振器”解决了需要在房间中央设置巨大导体棒、在墙壁附近充电效率低下等问题。

◎ 家电厂商

除了手机，如今还在使用电源插座的家电（电饭煲、空气净化器），未来全都会支持无线充电。无线充电器厂商除了可以向照明设备、电视、空调等大家电厂商销售无线充电模组外，还可以向电饭煲、空气净化器等小家电厂商销售无线充电模组。

◎ 住宅、房地产、咖啡厅、餐饮店

无线充电器厂商可以和建筑单位、房地产公司合作，把自己的技术应用在建筑集成家电上，或者把自己的送电设备预埋在顶棚、墙壁和地板中。

◎ 汽车、电车、轮船等交通工具

无线充电设备也能安装在汽车、电车和轮船上。我们可以把无线充电设备预埋在顶棚、墙壁或地板中。或许今后只要我们把手机带进汽车，在行驶过程中就能给手机充电。或者乘坐电车和轮船时，坐在座位上玩手机的过程中就可以完成充电。

无线充电技术分为已经实现的和正在开发的两种。在房间的天花板、墙壁和地板中预埋输电设备的类型有望在 2030—2040 年投用。未来，随着设备标准的统一、无线充电系统的大型生产基地的投产以及使用经验的积累，预计无线充电设备的成本也会持续走低。鉴于上述情况，预计到 2030—2040 年，无线充电设备将普及普通家庭。

无线充电

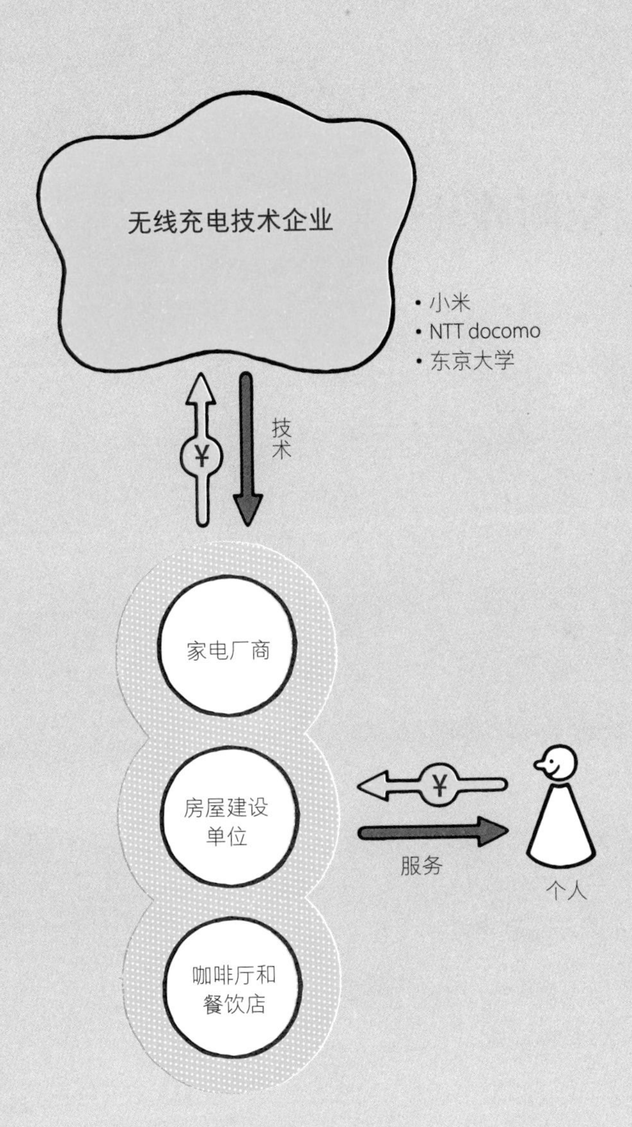

| 28 |

空间碎片——宇宙级的大买卖

飘浮在宇宙中的大量空间碎片有可能与宇宙飞船相撞。2030—2040 年，以建立安全的宇宙环境为目的的商业活动将十分活跃。

卫星清除空间碎片，为天路护航

空间碎片就是所谓的“太空垃圾”[①]，也就是运行结束后“报废”的卫星和火箭的碎片。而且随着宇宙商业的繁荣，这些空间碎片会越来越多。

空间碎片有可能与在宇宙中运行的人造卫星、火箭、宇宙飞船发生碰撞。而且，它们一旦发生碰撞，就会引发故障、破坏机体部件，后果严重[②]。到目前为止，全世界已经发生了数起疑似因太空碎片引发的航天“交通”事故。今后，我们要做好空间的清除、监控工作，尽量避免制造空间碎片。

那么，如何清除空间碎片呢？我们的答案是——用卫星。我们可以运用卫星的姿态控制、轨道控制技术，接近空间碎片，用机械臂、打捞网、磁铁“捕获”空间碎片。然后卫星带着这些碎片一起进入大气层，燃烧殆尽。日本的 Astroscale、瑞士的 ClearSpace、意大利的 D-Orbit、美国的 Starfish Space 等都是主营空间碎片清理业务的企业。

Scaper JSAT 与理化学研究所、JAXA、名古屋大学、九州大学合作开发了“激光熔化”技术，用激光照射空间碎片改变方向，让空间碎片进入大气层。

---

① 据 JAXA 介绍，目前人们已经发现了约 2 万个 10cm 以上的碎片，50 万—70 万个 1cm 以上的碎片，1mm 以上的碎片则超过 1 亿个。

② 必须避免与空间碎片发生碰撞，因为一旦碰撞就会制造新的空间碎片进而产生连锁反应。这就是所谓的“凯斯勒综合症候群”。

另外，美国的LeoLabs等企业正在使用雷达网监控空间碎片的状况，收集并提供空间碎片碰撞可能性的信息。

目前也有科学家正在研究如何让报废的卫星或者火箭自动飞入大气层，但这项技术目前正处于开发阶段。著名的人造流星企业ALE正在与JAXA合作开发利用电动力缆绳（Electro Dynamic Tether，EDT）使空间碎片脱离轨道的技术。

垄断空间碎片市场

空间碎片市场主要有以下几种商业模式：①空间碎片清理；②空间碎片信息服务；③减少空间碎片；④空间碎片事故处理。这些商业模式在早期到过渡期由于技术壁垒很高，需要较强的专业性，所以参与竞争的企业并不多。

空间清理服务将由拥有“交汇对接技术”，即有能力控制卫星轨道和姿态的企业，以及拥有“机器人技术”的企业负责；空间碎片信息提供服务需要利用遍及全球的雷达网进行监控，提供并销售可能发生碰撞的信息；减少空间碎片的服务由制造、销售设备的企业负责；空间碎片事故责任裁定服务由律师行业负责。虽然各国的法规、规则都在不断完善[①]，但我们仍有必要明确是谁制造了空间碎片，我们或许也应遵循“谁制造，谁处理”的原则吧？今后这个原则有望成为具有约束力的法律条文。此外，市场上还会出现一种新式商业保险，专门为那些因空间碎片碰撞而遭受损失的企业提供赔付。

或许拥有大型卫星的政府和企业会有清除空间碎片的需求。从事空间碎片清理的企业，清除空间碎片的成本大致如下：一颗用于清理空间碎片的小型卫星的开发生产费用、火箭发射费用、运营费等共计需要几亿到十几亿日元。假设用一颗小型卫星去清理一个空间碎片，委托方至少要承担几亿到十几亿日元的费用，否则这项服务便无法走上商业化。

用于清除空间碎片的小型卫星如果能够量产化，则能降低开发成本。而随着工作经验的积累，运营成本也会降低，如果要开发出一颗能够一次性清理多个空间碎片的小型卫星，那么成本将会提高。预计2030—2040年，这项服务才会落地。让我们共同期待一片安全、可持续发展的“星辰大海”！

① 日本《宇宙活动法》规定：“人造卫星解体时，应采取措施尽量避免造成空间碎片。”另外，联合国和平利用外层空间委员会（COPUOS）还制定了没有法律约束力的指导意见。

空间碎片清理

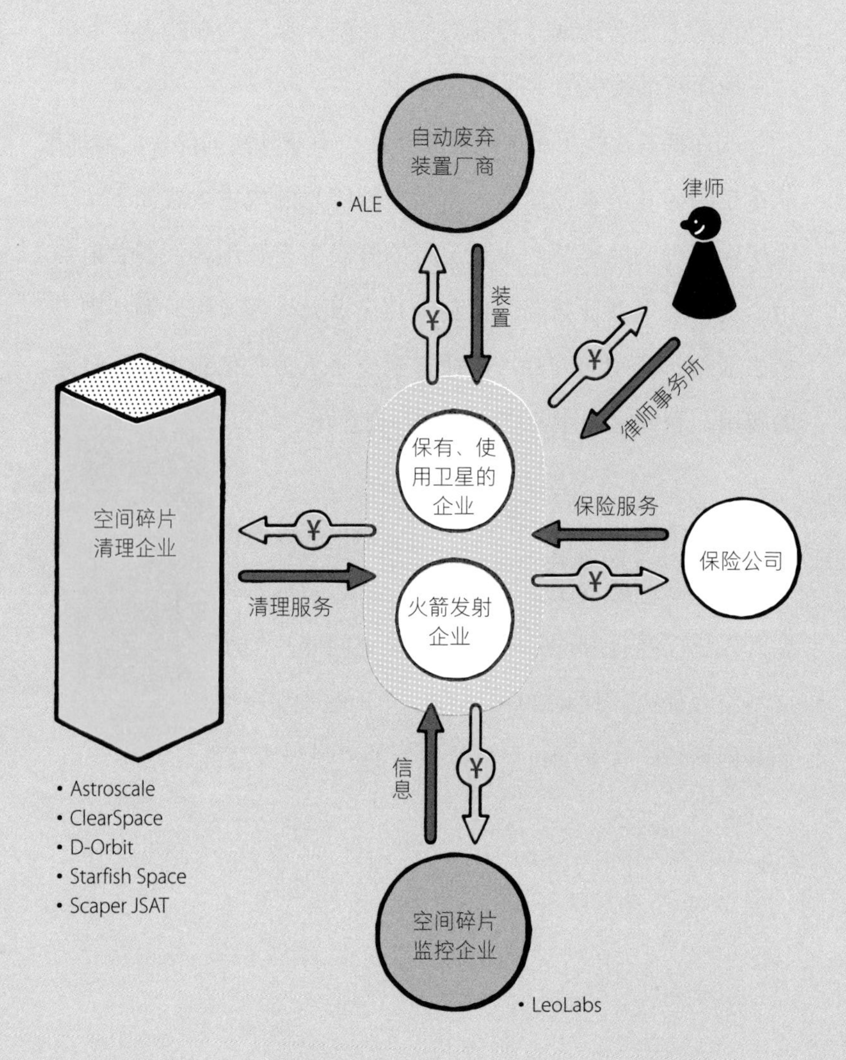

自动废弃
装置厂商
• ALE
律师
装置
律师事务所
空间碎片
清理企业
保有、使
用卫星的
企业
保险服务
保险公司
清理服务
火箭发射
企业
信息
• Astroscale
• ClearSpace
• D-Orbit
• Starfish Space
• Scaper JSAT
空间碎片
监控企业
• LeoLabs

| 29 |

利用蔬菜残渣盖高楼

目前已经有科学家开发出了用蔬菜残渣制造强度超过水泥的建材和发电设备的技术。随着耐热、耐水技术以及各种形状制造技术的发展，或许再过 10—20 年就能实现实用化。这项技术今后还会持续发展，建材的耐热、耐水性将会得到提高，我们也能控制材料的形状，再过 10—20 年，这项技术就会进入应用阶段。

用蔬菜残渣制作强度超过水泥的材料

据日本政府“宣传在线”报道，日本每年会产生 2 531 万吨的食品垃圾。其中 600 万吨食品垃圾本身还能食用。

未来，我们将利用这些蔬菜残渣制作各种材料。下面介绍一下这项技术的进展。东京大学生产技术研究所的酒井雄也准教授和町田纮太研究员开发了一种完全由植物制造的新材料。他们将卷心菜的外叶、橘子皮、洋葱皮等原材料加工成粉末状，然后通过加热压缩制造出这种新材料[①]，其弯曲强度达到 18MPa，是混凝土弯曲强度（约 5MPa）的 4 倍以上。而且这种材料和木材相似，都能接受耐水处理，相信它的用途将十分广泛。

英国兰开斯特大学也在开发使用蔬菜残渣制成的新材料，使用这种材料，可以大幅提高混凝土强度。将新材料加入混凝土中，新材料中的硅酸钙水合物的量就会增加，从而防止混凝土开裂。

英国 Chip(s) Board 公司正在开发用土豆残渣制作的可以代替木材和塑料的材料“Parblex”。它们还利用这种材料制造眼镜等生活用品。

菲律宾马普阿大学的卡维・艾伦・迈格（Carvey Ehren

① 加热压缩的温度和压力，似乎取决于原材料，不过在加热中蔬菜残渣的糖类软化，在压力下糖类流动填补间隙，因此有一定的强度。

Maigue）[①] 开发出了一种由蔬果残渣制成的新材料“AuREUS”。它可以吸收紫外线（UV），将其转换成可见光并产生电气。

实现零废弃社会，解决基础设施老化问题

蔬菜残渣新材料可以开拓以下市场。

◎ 政府、市政当局、总承包商

在日本，桥梁、建筑物、道路等由国家或公共团体管理的基础设施正在老化。尽管我们必须对这类建筑设施进行监管、整修、拆除、新建，但地方当局的财政仍然捉襟见肘。虽然目前我们已经开发出了利用蔬菜残渣制造的新材料，并且这些新材料的强度远超混凝土，也能用于桥梁建筑。但想要实际应用还需要一段时间。如果将新材料用于基础设施和公共设施建设，应该能够缓解政府和地方当局的财政压力。

① 他获得了 2020 年詹姆斯·戴森设计奖（James Dyson Award）“可持续发展奖”。

◎ 能源

菲律宾马普阿大学利用废弃蔬菜开发出了吸收紫外线并能发电的新材料“AuREUS”。众所周知，菲律宾台风等自然灾害多发，如果能将受灾农作物用作“AuREUS”的原料，或许能为许多农户带来福音。另外，这种新材料可以将蔬菜残渣的色素着色，使其变成各种各样的颜色。把它贴在大楼外墙，不仅美观大方还能辅助发电，一举两得。

如果对类似的新材料进行各种各样的表面加工处理的话，发电功率将会更大。另外，即使这种新材料废弃处理，微生物也会分解到土壤中，因此非常环保。蔬菜残渣或许很不起眼，但这项了不起的技术却给了它们第二次生命。

只有积累了一定的使用经验，这种新材料才会普及，人们才会真正认可这种材料。除此之外，这种材料还要有一定的耐热、耐水性以及超强的可塑性，同时还必须做到低成本、量产化，因此至少需要 10—20 年，这项技术才会真正普及。

蔬菜残渣新材料

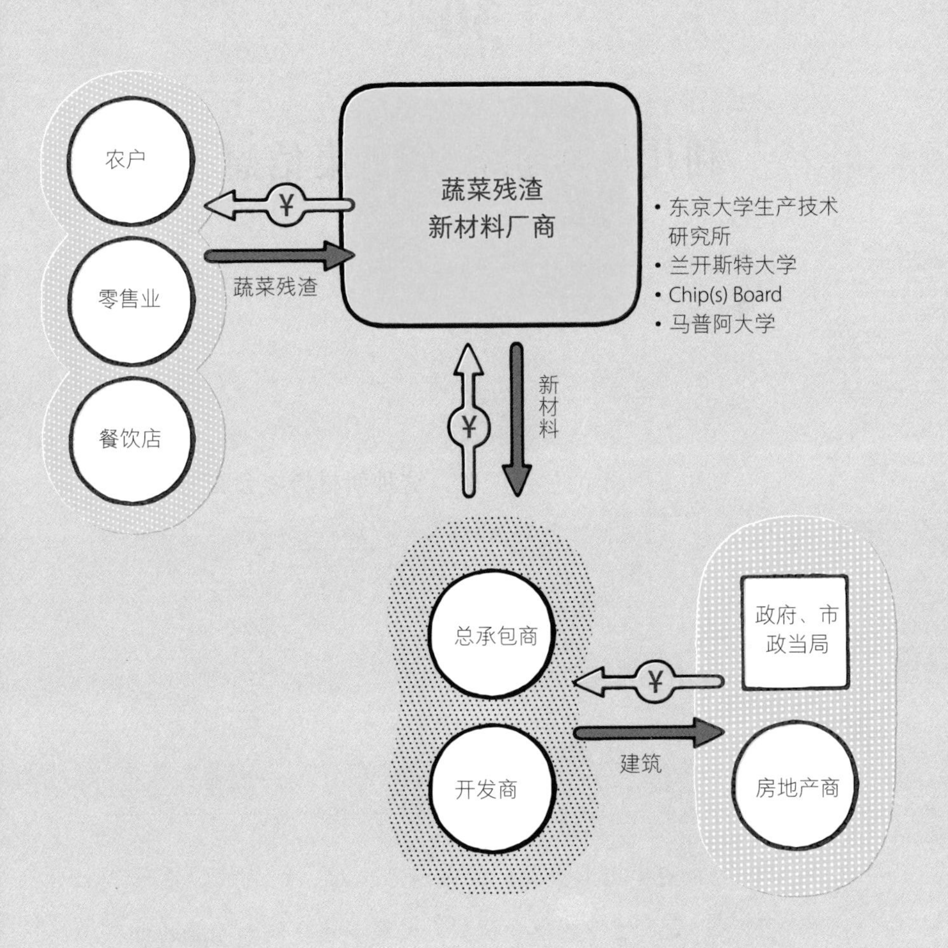

农户
零售业
餐饮店
¥
蔬菜残渣
蔬菜残渣
新材料厂商
• 东京大学生产技术研究所
• 兰开斯特大学
• Chip(s) Board
• 马普阿大学
¥
新材料
总承包商
开发商
政府、市政当局
¥
建筑
房地产商

| 30 |

利用昆虫机器人搜集信息

利用昆虫机器人，我们就能从人类难以到达的位置获取信息了。有了昆虫机器人替我们搜集信息，我们才能迎来一个安心且安全的未来。

微型计算机操控昆虫行动

所谓昆虫机器人技术，就是把昆虫的身体或某一部分与微型计算机的电子回路连接，从而让它们变成机器人的技术。各位可以想象一下这样的场景：改造昆虫活体的一部分，然后操控它们，就像漫画里的人类改造人一样。昆虫机器人的优点是体积小、成本低，适合大量生产。

日本的 LESS TECH 公司正在研发昆虫机器人。由于昆虫机器人预先被输入了算法，因此可以自动避开或越过障碍，到达目的地。昆虫机器人可以按照事先确定的 S 形或 8 形移动，也可以停留在某个限定的区域，还可以使用遥控器①进行远程操作。另外，还能以约 10cm/s 的速度移动。

昆虫机器人也能用来寻人。在昆虫机器人上安装红外线相机（IR 传感器），就可以检测体温。随后还会用 AI 判别扫描到的生物体温是否属于人类。如果发现确实是人类，就会响起警报，提醒人们及时搜救。昆虫机器人相机的搜索范围为半径 1.2m 左右，并不算大。例如，用一架昆虫机器人搜索 $5km^2$② 的范围需要 242 天。反之，如果投入 242 架昆虫机器人，一天就能完成搜索。

① 这里指装有摇杆的遥控设备。

② 2016 年发生的熊本地震（震级 7.3）中，失踪者的搜索范围为 $5km^2$。

除此之外，美国的 Draper[①]、美国加利福尼亚大学伯克利分校等也在研究开发昆虫机器人。

从搜救、安保领域潜入军事领域

昆虫机器人可以销往以下市场。

◎ 军事、情报机关

植入微型计算机的昆虫和普通昆虫的外观差别不大。如果销售给政府的国防、情报机关，可以用来搜集信息、防止犯罪活动，在军事方面则可以用来侦察或攻击敌方阵地。未来，昆虫机器人或许会成为隐蔽性最强的军用科技。

◎ 市政当局

市政当局采购昆虫机器人可以用于台风、地震、海啸等自然灾害受灾地区的搜救活动。另外，我们还能让昆虫机器人去

① 据悉，Draper 正在对蜻蜓的神经系统进行基因重组，使其能够对光脉冲做出反应。

道路被中断而无法到达的地方，帮我们了解灾情。

◎ 侦探、私人调查所

昆虫机器人还能用来调查婚外情、寻人或周围预警。私家侦探从此不再需要亲自跟踪和埋伏，工作效率也会大大提高。

◎ 失物搜寻

昆虫机器人也能用来搜寻失物。今后，物联网传感器和 GPS 将进一步朝着小型化、轻量化方向发展，GPS 定位信息的精确度也将提高。有了这些技术，昆虫机器人便能轻松地帮你寻找丢失的物品了。

◎ 昆虫、动植物生态调查

或许，昆虫机器人也能用来调查昆虫以及动植物的状态。大学和研究机构购入昆虫机器人后，可以利用昆虫机器人调查昆虫和动物的活动、栖息地、捕食情况等。另外，昆虫机器人还能替我们去那些难以到达的地方做调查。

但是，因为昆虫机器人销售给普通人或许会留下犯罪的隐患，所以这项技术给人一种门槛很高的印象。或许到那时，我们应该研究制定相关法律法规或者如何发放资质证书。截至 2021 年，昆虫机器人将在实验室层面进行验证实验。如果今后扩大规模，与国家和地方政府共同开展研究，那么 2030 年后，昆虫机器人或许能够打入上述市场。

昆虫机器人

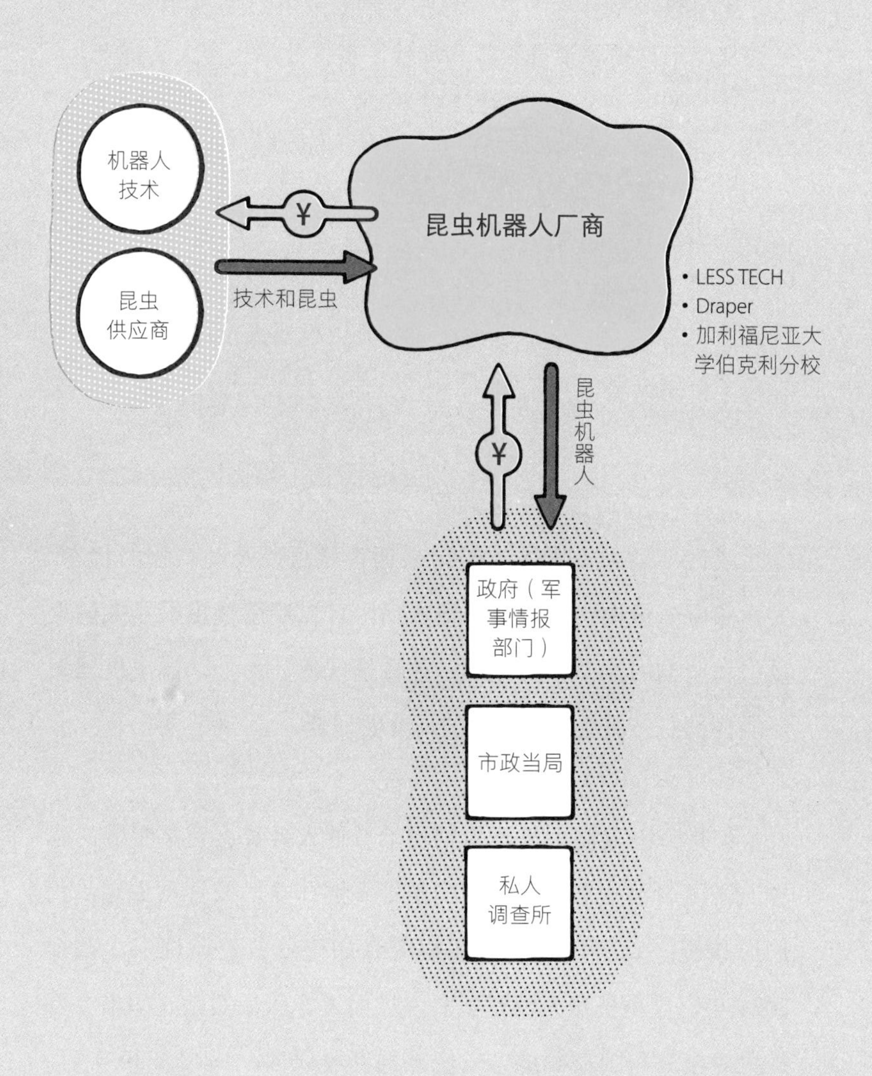
机器人
技术
昆虫
供应商
技术和昆虫
昆虫机器人厂商
• LESS TECH
• Draper
• 加利福尼亚大学伯克利分校
昆虫机器人
政府（军事情报部门）
市政当局
私人调查所

| 31 |

灾难预警系统

随着紧急地震速报的普及，2030—2040 年，有关海啸的准确信息会以速报的形式传达到全日本。

用人们听不到的声音预测海啸

目前我们已经能够通过检测“次声波”，来预测海啸的大小。世界上居然已经有了这种技术！东日本大地震造成的大海啸为日本带来了巨大的损失，我不由得想，如果能向民众预报海啸，可能后果不至于此。

次声波是一种超低频声音，是指人们听不到或难以听到的声音。引起灾害的自然现象是急剧的、巨大的变动，因此产生了次声波。物体越大，压力振动产生的声音越低。这种声音具有频率越低，传得越远的特点。

高知工科大学的山本真行教授与测量仪器、音响设备制造商 Saya 共同开发了次声波海啸传感器。这是世界上第一个专门用于侦测海啸次声波的传感器[①]。次声波海啸传感器通过同时测量人工噪声、振动、气象现象引起的气压变动等，来区分海啸的次声波和其他声音。这个次声波海啸传感器的优势在于，当次声波被传感器捕获的瞬间，就能根据波形确定海啸发生时的海面起伏高度和平均能量，并准确地计算出“海啸震级”。

未来，我们将通过在日本各地配备这种次声波海啸传感器，构建次声波检测网，同时模仿地震速报的形式，向民众发布“海啸速报”。

---

① 火箭上一般也会装有小型次声波海啸传感器。目的是测量在空气较少的高层大气中声音的传递方式。搭载的火箭是堀江贵文出资的星际科技的 MOMO2 号和 3 号。MOMO3 号机到达 113.4km 高空时，通过次声波传感器成功获取了从平流层上部到热层下部的数据。

紧急海啸速报

基于次声波海啸传感器采集的信息，我们可以模仿现在地震速报的形式，推出海啸速报。

紧急地震速报[①]是指在地震发生后立即预测各地发生强震的时间和震级，并尽早通知民众。日本人都听过从电视或手机里传来的紧急地震速报的警报声。这种紧急地震速报，由气象厅根据日本全国各地安装的地震仪，自动计算出震源、规模、预计震级，再传送给电视、广播、智能手机等设备。民众收到警报就能赶在地震强烈摇晃前保护自己，接到警报的轨道交通驾驶员也能采取紧急降速等措施避险。

前文提到的山本教授，正在着手构建海啸次声波监测网。截至2021年，他们已经在高知县沿岸附近设置了15个次声波海啸传感器，除了高知县，从北海道到九州的15个地点也设置了这种传感器并扩大监测范围，共计30个监测点。虽然监测网是高知工科大学的创意，但其他科研机构和大学参与计划的“次声波监测联盟”已经成立，加上新设的监测点，目前全日本共有100多个海啸监测点。

紧急地震速报利用了全日本约690个气象厅的地震仪、裂

① 地震波分为P波（Primary，“第一个”）和S波（Secondary，“第二个”），P波的传播速度比S波快。另外，S波造成的强烈震荡破坏性更大。利用地震波传播速度的差异，在检测到P波之后S波到来之前发布预警。

度计，以及国立研究开发法人防灾科学技术研究所的地震监测网（约 1 000 个）的共计 1 690 个地震仪。想必建设和紧急地震速报相同规模的海啸次声波监测网（但预测海啸并不需要和预测地震保持同等规模）的成本很高。预计 2030—2040 年，这项技术才会普及。因为这是大规模的基础设施，所以应归属气象厅等国家机关管理，当然国家机关也会与研究机构合作。另外，海啸速报的警报声必然会跟地震速报的警报声有所区别。

日本是世界上屈指可数的地震多发地带，今后也有发生大地震或遭受海啸侵袭的可能。或许这种次声波海啸传感器能够成为保护日本国民乃至世界人民生命财产安全的基础设施。

次声波海啸传感器

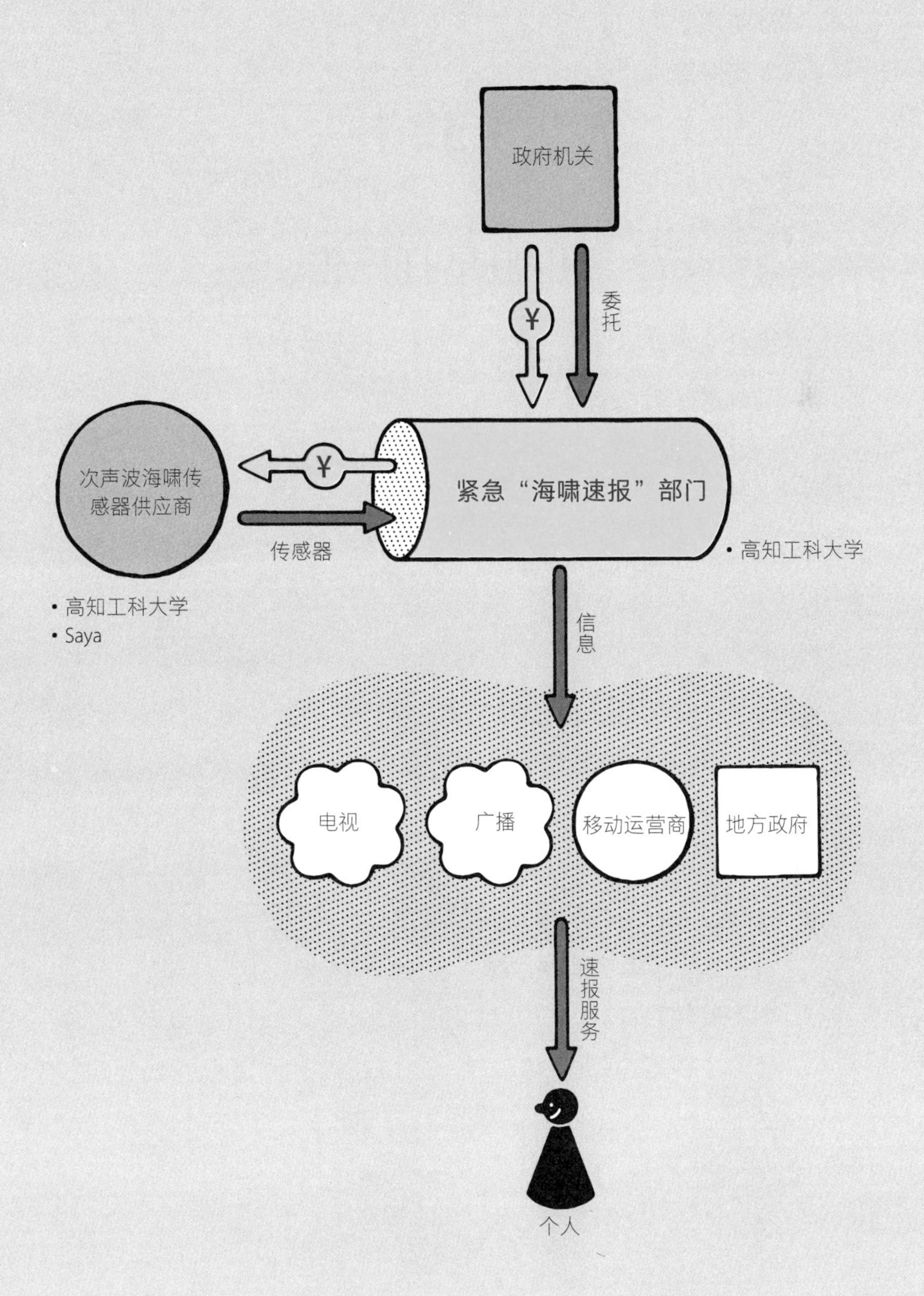

政府机关
¥
委托
次声波海啸传感器供应商
¥
传感器
紧急“海啸速报”部门
• 高知工科大学
• 高知工科大学
• Saya
信息
电视
广播
移动运营商
地方政府
速报服务
个人

| 32 |

用卫星打广告

我们每天都能在报纸、海报、宣传栏、电视、网络上看到各种广告。2030 年或 2040 年以后，穿梭宇宙间的卫星也将在夜空投射巨幅广告。

以夜空为幕布，用卫星投射广告

目前科学家正在研究利用小型人造卫星，在夜空投射广告的技术。只要将多颗小型卫星发射到宇宙，我们就能利用卫星帆上明亮（反射太阳光）的部分和不明亮的部分形成图像和文字了。

同时，我们还能通过将卫星的姿态旋转 90 度来调控反射。而这需要控制环绕地球的卫星群的姿态和轨道，使其有规律地排列。而且显示的广告不仅可以是文字，还可以是复杂的图像。

如前所述，要想让广告画面更漂亮，关键在于正确地控制并保持卫星的姿态和轨道，使卫星矩阵内的卫星互不干扰。

俄罗斯的航天风险企业 StartRocket 正在构想是否可以向宇宙空间发射几十至上百颗小型卫星，并展开安装在卫星上的太阳帆，在空中显示文字和图样，它们将这一计划命名为“The Orbital Display”。StartRocket 还公开了在大型火箭上搭载多颗小型卫星，一次性发射并将其整齐地排布到宇宙空间的视频，视频中展现了卫星群的形态。

根据全球版广告气球和烟花商业化方向进行预测

卫星广告业务与广告气球[①]业务有相似性。广告牌和电视广告往往会利用名人效应，或者拍摄一分钟左右的视频。这种广告的目标受众是观看广告的人。而广告气球主要显示文字和形象，目标受众是在室外活动的人。卫星广告也一样，接受企业的委托，只在夜空中显示文字和图样，目标受众同样是在户外活动的人。根据卫星的数量不同，一天最多可以发布 3—4 个商业广告。除了广告，这种形式也可以用于国家或地方政府向公众传达紧急事态或灾情信息，同时对搜救失踪人员和搜捕通缉犯也有帮助。

卫星广告也可以模仿烟花厂商的商业模式。虽然我们一直在谈“广告”，但这项技术也可以像烟花一样，作为一种娱乐项目。如果文字和图像浮现在夜空中，一定很美，也会让人很惊喜。例如，可以在职业棒球场的夜空中显示“全垒打”等文字，或者在主题公园中显示角色的头像。

另外，夜空中闪耀的文字和图像，也能制造浪漫的气氛。例如，利用卫星广告在天上显示爱人的名字，来一次令人惊喜连连的求婚。

① 年轻人可能没见过广告气球。过去有些超市和百货公司，会在楼顶上放一个大气球，在气球上悬挂条幅做广告，距离很远就能看到。

请允许我再次强调，为了高质量地显示文字和图像，我们需要高精度的卫星轨道控制技术和姿态控制技术。不过截至2021年，小型卫星专用的姿态控制、轨道控制传感器设备等还处于研发阶段。另外，还需要解决光污染问题[①]，而这些问题至少还要10—20年才能解决。

卫星广告服务的初期和过渡期的目标客户主要是企业，但这项服务的价格必然会逐渐亲民。这有赖于广告卫星量产化以及卫星应用经验和技术经验的积累。另外，只要不断研究如何让投射的文字和图像更加丰富多彩，只要再过10—20年，卫星广告的成本也会降低。总而言之，卫星广告业务将在2030年或2040年以后才会进入大众市场。

---

① 因为在夜空中显示广告，从地面的天体观测受到了影响，天文学家对此表示担忧。因此我们需要研发一款“漆黑”的卫星，不让它反射太阳光。

卫星广告

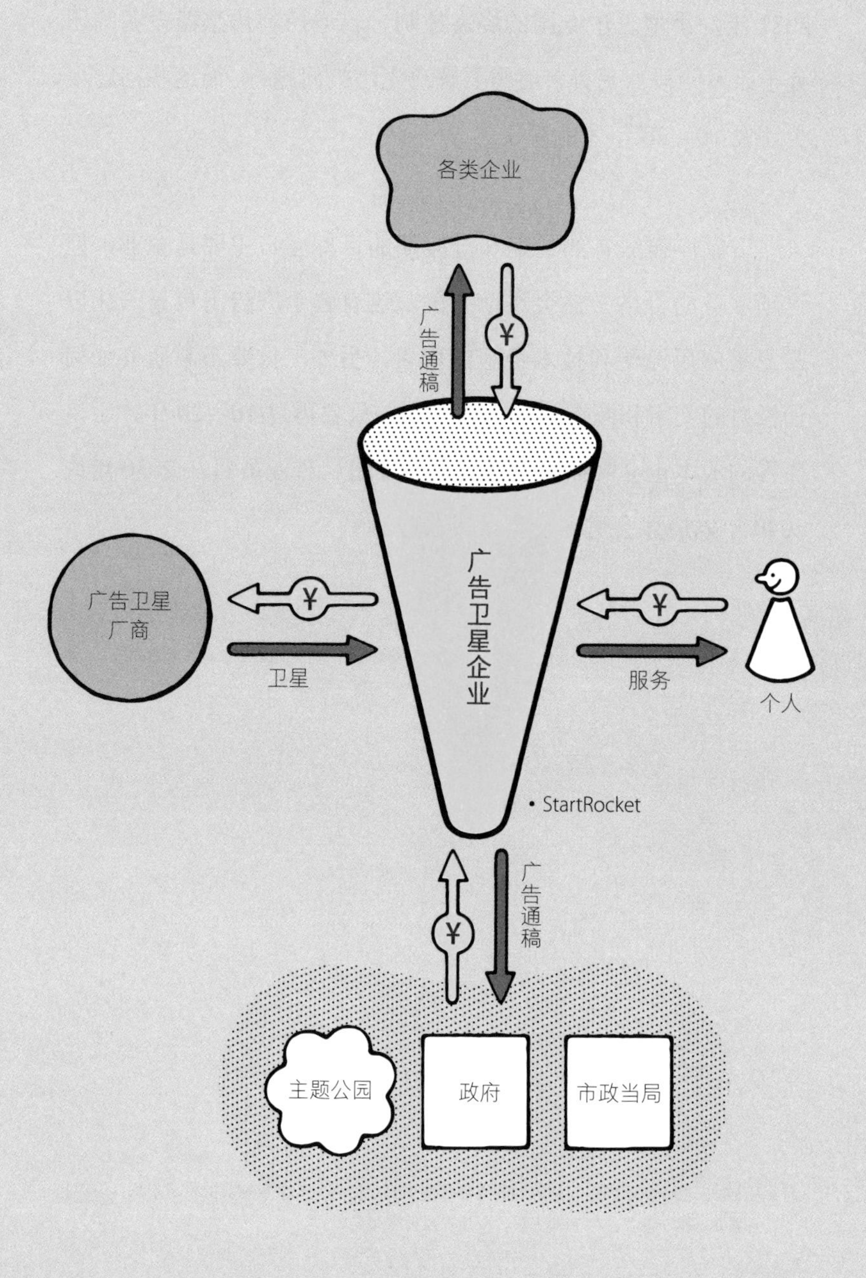

各类企业
广告通稿
¥
广告卫星厂商
¥
卫星
广告卫星企业
¥
服务
个人
• StartRocket
¥
广告通稿
主题公园
政府
市政当局

| 33 |

TDI 的造梦空间

再过 10—20 年，我们就能完全控制自己的梦境了。这项技术将被投入医疗保健、培训、娱乐等市场，随着价格的降低，将逐渐普及。

用 TDI 控制梦境

人是不能控制自己的梦境的，“日有所思，夜有所梦”也并不容易[①]。但是麻省理工学院媒体实验室（MIT Media Lab）开发出了“TDI（Targeted Dream Incubation）”技术。这简直就像哆啦 A 梦的道具“梦中人”一样！

TDI 技术即通过一种名为“Dormio”的安装在手腕和手指上的可穿戴设备和对应的应用程序来“造梦”。只要在使用者入睡时反复向他发送梦境的相关信息，就能引导他做一个特定主题的梦。Dormio 内置物联网传感器，可以通过监测心率和手指位置等，掌握使用者的睡眠状态。据麻省理工学院媒体实验室介绍，在人半梦半醒的状态下，将“造梦”信息灌输给正在入眠的人，这些信息就会与梦境融合。

截至 2021 年，已经有一项引导人们做有关“树木”的梦的实验宣告成功。科学家用 Dormio 测量受试者的心率、皮肤表面电流变化以及放松度，这样就能确认受试者是否进入半梦半醒的状态。科学家利用程序，向受试者播放“请想象树木”和“关注自己的想法”等声音指令。最终 67% 的受试者表示梦到了树木。

---

① 快速眼动睡眠是浅睡眠，非快速眼动睡眠是深睡眠。快速眼动睡眠和非快速眼动睡眠的平均周期约为 90 分钟，交替出现。如果睡眠时间为 6—8 小时，就会出现 4—5 次快速眼动睡眠和非快速眼动睡眠的交替过程。醒来后记忆中的梦，大多是在起床前的快速眼动睡眠时期所做的梦。

造梦商业化：向心理保健、训练、娱乐领域进发

“造梦”技术可以从心理保健、训练、娱乐等领域寻求突破。

◎ 心理保健

人做梦的效果有以下几点：

- 治愈内心
- 处理导致压力和自信丧失的情绪
- 淡化消极情绪
- 整理散乱的记忆
- 将必要的事件转移到长期记忆中
- 淡化可能成为心理创伤的记忆等

如果我们能够“造梦”，就能大幅提高上述功效，还可以提高睡眠质量，消除疲劳，治疗精神疾病。另外，做梦对控制感情、提高记忆力等也有帮助。

◎ 训练

未来当我们准备做一场不容失败的报告、参加体育大会甚至奥运会之前，就可以预先在梦中体验现场的氛围。如果能在梦中再现大会现场的紧张感和氛围，就能磨炼运动员的意志力，让他们在正式比赛时表现得更加优异。

◎ 娱乐

在梦中，我们可以经历一次脱离现实的冒险，或者做到力所不能及的事情。比如，见到大明星，在宇宙中飞翔，在水中生活，绝世大扣篮……“造梦”也是一种娱乐项目。

2021年，关于“树之梦”的实验已经实现。虽然不清楚要花多长时间才能完全控制所有梦境，但至少需要10—20年的酝酿。首先，这项技术将会进入B2B市场，之后随着价格的降低，将会普及普通家庭。

造梦装置

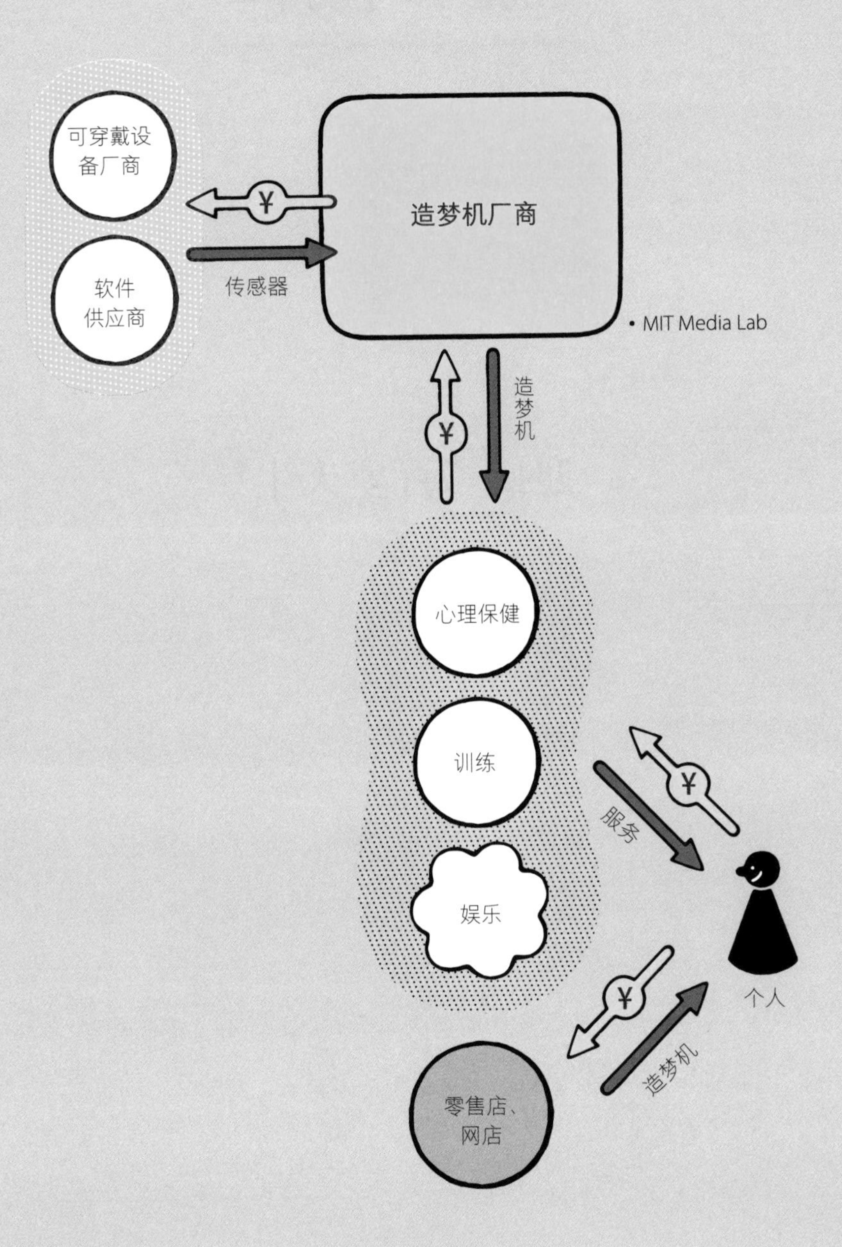

可穿戴设备厂商
软件供应商
传感器
造梦机厂商
• MIT Media Lab
造梦机
心理保健
训练
娱乐
服务
个人
零售店、网店
造梦机

2030年—2050年

| 34 |

迎接“百岁人生”

先有针对特定疾病的药物，后有针对所有疾病的药物，最后甚至有药物能够延缓衰老和预防老化，人类超长寿命的时代即将来临。

预防老化的灵药

目前，研究人员正在研究能够治愈各种疾病、预防老化和延缓衰老的“长生不老药”。一听到长生不老药，人们就会联想到只要吃了就不会变老的灵丹妙药，但这里说的“长生不老药”与此稍有不同。如今，关于长生不老的研发(虽然方法多种多样)都是从消除与老化和年龄增长相关的疾病的角度来推进的。

到2021年为止，科学家用实验鼠成功地验证了防止身体老化的可能性。例如，东京大学医疗科学研究所的中西真教授团队，通过给高龄老鼠注射只杀死“老化细胞”的药剂，成功地改善了因年龄导致的身体衰弱和生活习惯。哈佛大学的大卫•A.辛克莱（David A Sinclair）教授利用iPS细胞成功恢复了高龄老鼠的视力。

由PayPal创始人彼得·蒂尔（Peter Thie）、亚马逊创始人杰夫·贝佐斯（Jeff Bezos）投资的美国Unity Biotechnology公司正在开发一种治疗方法，通过延缓、停止或恢复老年疾病，来延长寿命。另外，它们还在制造选择性地排除老化细胞，从而治疗骨关节病、眼病、肺病等老年疾病的“老化细胞消除药”。例如，UBX1325这种药物会干扰在老化细胞中发挥作用的抑制细胞凋亡的蛋白质。

美国BioAge公司正在开发治疗肌肉和免疫系统老化的药物。此外，Alphabet旗下的美国Calico公司也在进行老化和老年疾病的研究，同时它们也在研究如何利用自然杀伤、杀死癌细胞。

哈佛大学开发了一种名为 NMN（烟酰胺单核苷酸）的药物。服用 NMN 后，NMN 会被转换成 NAD（烟酰胺腺嘌呤二核苷酸，一种辅酶）并激活乙酰化酶[①]的功能，据说服用这种药的人，寿命可能会延长到 150 岁。现在，在保健品和美容诊所有 NMN 点滴等药物，含有 100mg NMN 的点滴只需要数万日元。据说将来 NMN 点滴的价格仅相当于一杯咖啡。华盛顿大学的今井真一郎教授和大阪大学的乐木宏实教授为 NMN 的研发奉献了他们的全部精力。

长生不老药，价高卖不掉？

上述创新药企或许需要 10—30 年以上的研发周期才能开发出一款新药，随后新药才能上市并进入医药市场。长生不老是

① 控制衰老和寿命的酶。这种基因被称为长寿基因，哺乳动物体内有从 SIRT1 到 SIRT7 的 7 种基因。其中最重要的是 SIRT1，它能促进糖和脂肪的代谢，控制记忆和行动，在控制衰老和寿命方面发挥着重要作用。

人类永恒的追求，因此我相信这条赛道潜力无限。

如果长生不老药成功问世，那么就有可能消灭癌症、心脏病、阿尔茨海默病等疾病，让人类迈入超长寿社会。虽然专家对此众说纷纭，但至少可以确定的是，截至2021年，长生不老还不能实现或者说还要很久才能实现。不过我们对这类药物的副作用并不了解，也不能证明这些疾病与衰老相关，所以赞成和反对的意见分歧很大。

长生不老药的需求很高，所以也需要考虑与其他药物产生竞食效应[①]。因为“长生不老药”是终极药物，所以售价很高，预计之后价格也很难下降。虽然也有可能生产仿制药，但毕竟价格昂贵，或许最终只有富裕阶层才能长寿。

鉴于到2021年为止的研究开发进度和计划，在今后的10—30年里，针对因老化等原因而发病的特定疾病的药物可能会率先被研制出来。然后，再经过10—30年，针对各种疾病和预防衰老的药物才能问世，到那时人类才有可能防止衰老（或延缓衰老）并获得超长寿命。

① 本公司商品侵蚀本公司其他商品的“同类相食”现象。

长生不老药

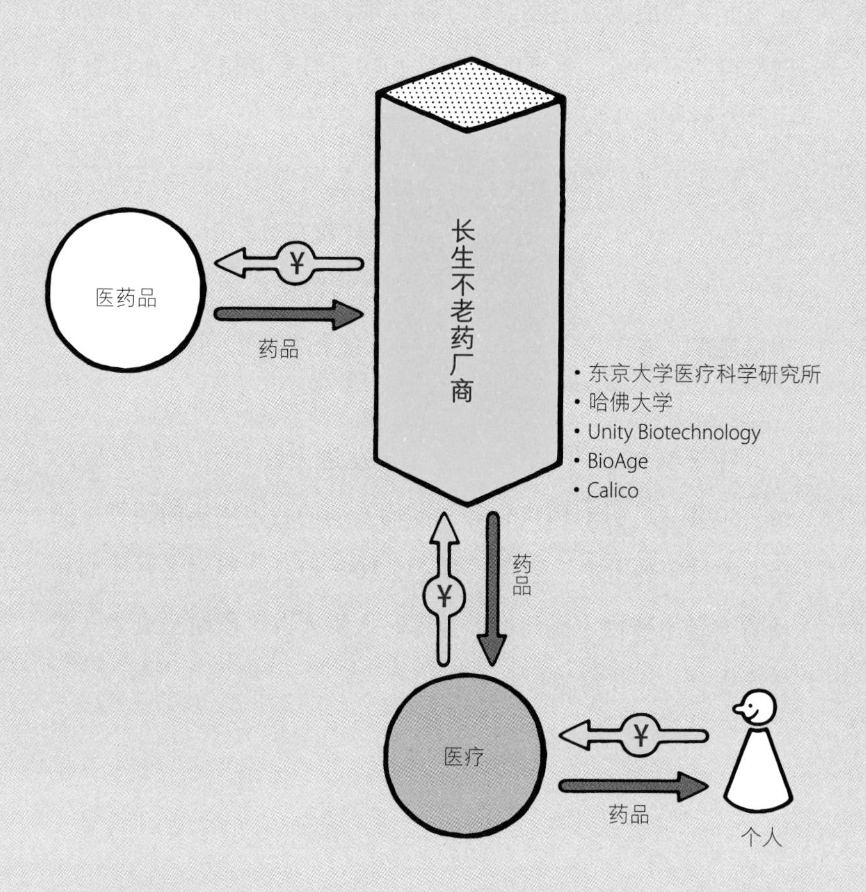

长生不老药厂商
医药品
¥
药品
• 东京大学医疗科学研究所
• 哈佛大学
• Unity Biotechnology
• BioAge
• Calico
¥
药品
医疗
¥
药品
个人

35

低成本制氨

氨是人类不可或缺的元素，但如今制造氨的方式也正在发生着变化。未来，利用豆腐渣和细菌等原料的环保制氨法，必然会走向大规模商业化的道路。

食物残渣制氨

一听到“氨”，我想很多人都只会想到那股臭味。但实际上，氨是制造食物必不可少的化学合成品。氨作为重要的化肥原料，支撑着人类的发展。另外，氨还被用于制造尼龙和人造丝等合成纤维。世界上 80% 的氨用于制造肥料，约 20% 用于工业。即便说氨是人类的支柱也不为过。而且氨即使燃烧也只会生成水和氮，十分环保。

“哈伯－博施法”是一种古老的制氨法，只要让氢和氮产生化学反应就能生成氨气。但是近年来，科学家们开发出了一种更加环保的制氨方式。京都大学植田充美教授的团队成功构建了从食品加工中产生的残渣大量生产氨的平台。大豆残渣是世界上被废弃最多的食品加工物。大豆残渣虽然被用作家畜的饲料，但如果埋入土壤，在微生物的作用下产生二氧化碳，对环境是有害的。仅用大豆残渣就能制造出大量氨气，真是了不起的技术！

美国的 Pivot Bio 公司将 40 多种微生物直接附着在玉米根部，成功地将空气中的氮吸收到土壤中生成氨。由微生物生成的氨可以在土壤中制造肥料。这种微生物被命名为“Pivot Bio Proven 40”。工厂生产的一般化肥受大雨等影响会被冲走，而这种由微生物生成的氨会停留在植物上，不会被水冲走。

使用太阳能发电得到的电力，再通过电解水得到的氢和空气中的氮合成也能生成氨[1]。燕子 BHB 公司利用老挝剩余的水力发电合成氨，同时使用当地矿山的磷和钾生产肥料。

氨也是发电燃料

今后，氨不仅能作为肥料、食品、服装原料，还能开拓以下市场。

◎ 发电

氨制造企业将会把氨作为发电燃料出售给发电厂。产业技术综合研究所等研究机构正在开发能够直接燃烧氨的微型燃气轮机发电机。

◎ 船舶、航空

将氨直接作为燃料的船和飞机的发动机也在开发中。例如，英国的航空风险企业 Reaction Engines 计划在搭载混合动力发动

① 产业技术综合研究所福岛可再生能源研究所、风险企业燕子 BHB、美国 Starfire Energy 等公司也开始用同样的方法合成氨，它们弥补了哈伯 - 博施法的弊端，实现商业化。

机 SABRE 的新一代运输机中使用氨作为燃料。

◎ 燃料电池

京都大学正在研究氨燃料电池。其原理是将作为发电燃料的氨气直接输送到安装在电解质氧化锆一面的燃料极，并向另一侧的空气极灌注空气，在两极之间产生电力。

在哈伯-博施法发明后的数百年里，人类的制氨方式始终没有多大进步。哈伯-博施法需要高成本的大型设备，而且从生产地到需求地中间需要运输和仓储，这无疑增加了成本。而若是采用新式制氨工艺，预计成本将大幅降低。不过，新工艺达到工业规模预计还需要 10—20 年。

制　　氨

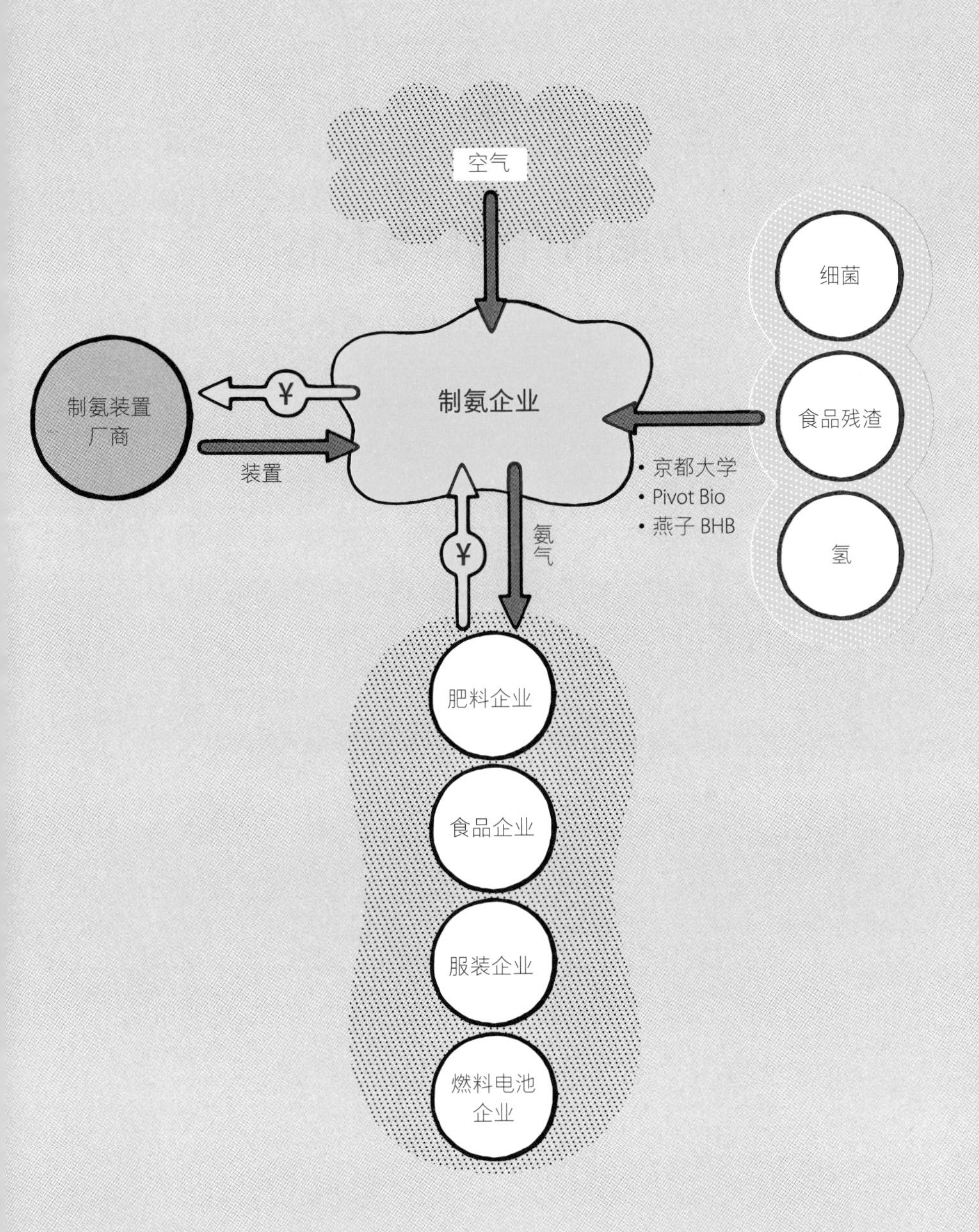

空气
制氨企业
制氨装置
厂商
¥
装置
细菌
食品残渣
氢
• 京都大学
• Pivot Bio
• 燕子 BHB
¥
氨气
肥料企业
食品企业
服装企业
燃料电池
企业

| 36 |

万能的自我修复材料

截至 2021 年，已经有一些自我修复材料进入商业化阶段，也有一些正在研究中，但它们会逐渐进入市场，未来市面上将会出现各式各样的自我修复材料。

金属、陶瓷、混凝土、玻璃、聚合物，样样都能自我修复

自我修复材料，也被称为自愈材料，英文写作 Self-Healing Material。这些材料属于智能材料，即使材料出现损伤，也能自我修复，实在是太神奇了！它们不易腐化，即便不做维护同样经久耐用。如果破损不严重，随着时间的推移破损就会自我修复。

自我修复材料大致分为金属、陶瓷、混凝土、玻璃、聚合物等五种。

目前可修复金属还在研究阶段。早稻田大学的岩濑英治教授，通过使用金属纳米粒子的电荷陷阱原理研发出了可修复金属，这种金属材料即便出现龟裂，只要施加电压，就能利用金属纳米粒子的电荷陷阱原理实现自我修复。

日本物质材料研究机构（NIMS）和横滨国立大学正在开发可自我修复的陶瓷。将这种陶瓷加热到 1 000℃ 后，只需 1 分钟左右就能修复完毕。

荷兰代尔夫特理工大学的 Jonkyes 博士开发了利用水和氧气活化的细菌来生成碳酸钙，从而自我修复混凝土裂缝的技术，据说目前已经投产。

东京大学相田卓三教授的团队开发了首款拥有自我修复功能的玻璃。这种玻璃是由高分子材料聚醚硫脲制成的。这种材

料断裂后在室温下加压数小时，可恢复到与断裂前相同水平。据说这种材料已经开始市场化。

在聚合物领域，日本理化学研究所不仅限于干燥空气中的自我修复材料，还研发出了在水、酸和碱性水溶液中也能自我修复的材料。东丽公司开发了名为“Taftop”的自我修复镀膜，尤希路化学工业公司也投产了具有自我修复性的聚合物凝胶“魔法弹性体”①。

从基础设施、住宅到航天

虽然我们不可能让所有材料都能自我修复，但我们相信未来肯定会有越来越多的自我修复材料问世。自我修复材料拥有无限的市场潜力。

◎ 基础设施

自我修复材料或将应用于基础设施的维护管理。有了这种

① 弹性体是具有弹性的高分子的总称，橡胶也属于此类。

材料，道路、桥梁、上下水管道、城市煤气管道发生破损时可以自我修复，因此可以减少维护管理费用。此外，自我修复材料还可以用作火力发电站、原子能发电站等发电设备的材料、输电用的金属电线、公共设施和写字楼的外墙、玻璃等。

◎ 住宅、生活

在生活场景中，自我修复材料也可用于住宅的外墙、玻璃、厨房、浴室、卫生间等的维护。另外，汽车、摩托车、自行车的车身、车窗玻璃、轮胎等也会用到自我修复材料。

◎ 航天

NASA 正在开发一种自我修复材料，即便火箭或人造卫星撞上了空间碎片，发生破损现象，材料内部也会流出液状物质堵住缺口，1 秒左右就能恢复如初。除了火箭和人造卫星，将来，在宇宙酒店、太空殖民地、月面基地等居住空间的墙壁、玻璃、上下水管道等也会用到自我修复材料。

截至 2021 年，世界上已经出现了很多自我修复材料，它们有的已经投产，而有的还在研发阶段。尽管不可能把所有材料都改造成可自我修复材料，但这种新材料的数量仍旧不可小觑，它们会逐渐投产并进入市场。自我修复功能，不仅提高了材料的安全性和可靠性，还降低了维护成本。

自我修复材料

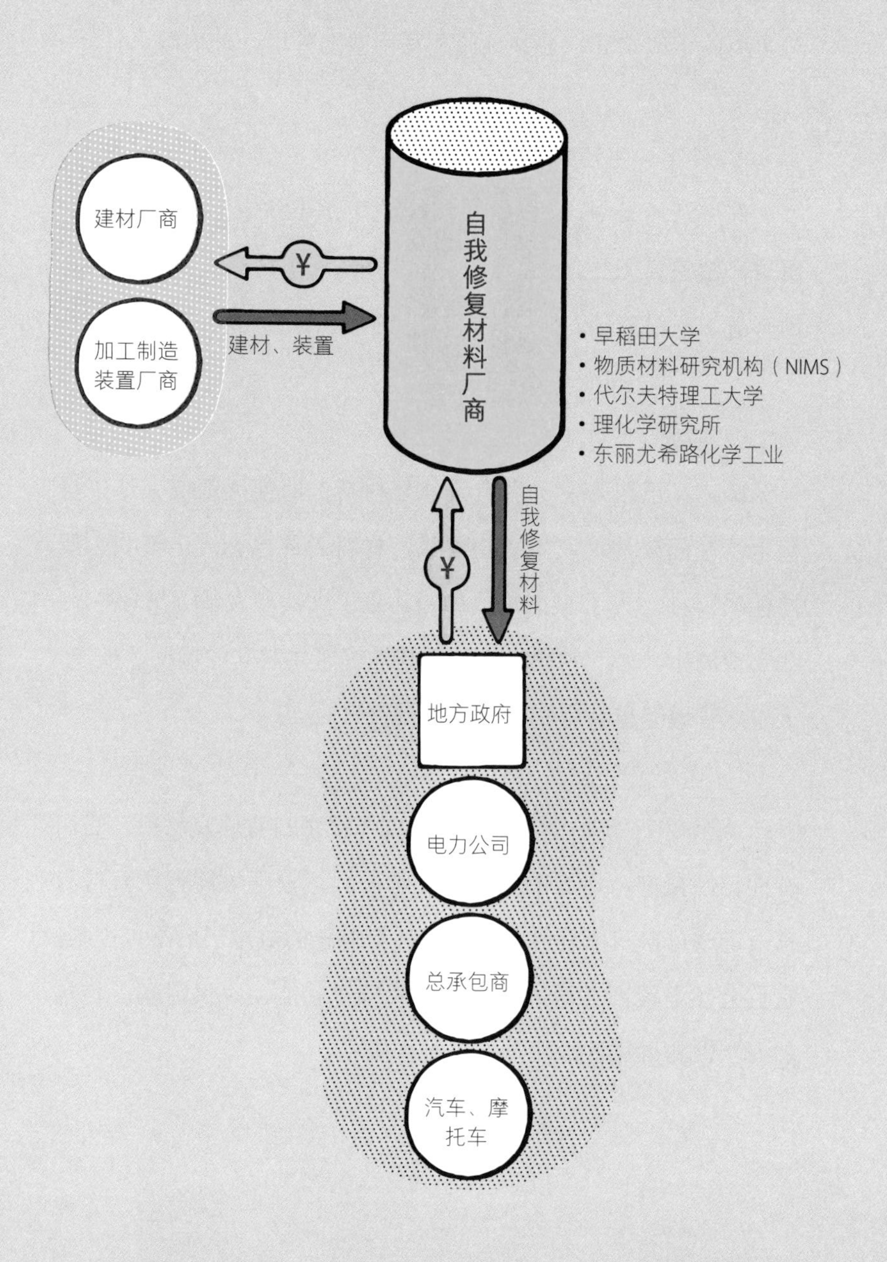
建材厂商
加工制造装置厂商
¥
建材、装置
自我修复材料厂商
• 早稻田大学
• 物质材料研究机构（NIMS）
• 代尔夫特理工大学
• 理化学研究所
• 东丽尤希路化学工业
¥
自我修复材料
地方政府
电力公司
总承包商
汽车、摩托车

| 37 |

脑机接口：创造新的沟通方式

如果安装了脑机接口（BCI），因疾病等原因而无法说话的人也可以开“口”说话。

传感器让脑电波变成文字

脑计算接口（以下简称 BCI）[①] 将彻底改变未来人们的交流方式。

只要戴上 BCI 装置，就能捕捉脑波和神经元（来自脑神经细胞的信号），因此，即使不用键盘和声音输入，也能将脑子里的想法变成文字，还能进行远程操作。BCI 分为植入大脑和佩戴两种类型。

Neuralink 公司的创始人是 SpaceX 总裁埃隆·马斯克，该公司正在开发植入型 BCI。它们开发的 BCI 还具备惯性测量传感器、压力传感器、温度传感器，电池可续航一整天。BCI 能够放大并捕捉来自大脑的神经信号，利用内置的模拟 / 数字转换器进行数字化。数字化的信息可以用文字和图像等形式表现出来。但要将其植入人体，必须获得监管部门的临床试验批准。据说植入手术需要用激光在头盖骨上钻孔，然后插入电极。目前，专用手术机器人也正在开发中。

① 根据 Report Ocean 报道，2019 年全球 BCI 市场规模为 13.6 亿美元。预计到 2027 年将达到 38.5 亿美元，2020—2027 年将以 14.3% 的年平均增长率（CAGR）增长。

BCI 掀起交流革命

BCI 研发企业可以向如下市场销售自己的产品。

◎ 医疗、护理

在医疗领域，BCI 被用作与患有脑性麻痹和肌萎缩侧索硬化症（ALS）的人进行沟通的工具。

在护理领域，可以解读残疾人意愿，并制定合理的护理计划。实际上，Meta（前 Facebook）和 UCSF（旧金山加利福尼亚大学）也开发了名为 Speech Neuroprosthesis 的 BCI。

◎ 汽车

开发 BCI 的企业与汽车制造商也有合作。梅赛德斯奔驰使用 Meta 的 BCI 开发出了利用脑波驾驶的汽车“VISION AVTR”。用户将 BCI 安装在头部，装置便能测量并分析脑波。用户通过自己的思考，可以控制目的地的选择、车内照明的开启 / 关闭、收音机的选择等用户界面。另外，据说还可以用脑波驾驶汽车。

◎ 家电

通过安装 BCI，除了能控制空调等电器的开关，还能完成远程设定温度等复杂操作。

◎ 企业

在未来的商务谈判中，我们甚至可能开一场“无声会议”。智能手机和在线会议或许也能实现无声会议。另外，还可以利用“虚拟形象”单人实时完成多个任务。

◎ 娱乐

在娱乐领域，可以考虑开发出实时反映用户思想的 XR（交叉现实）游戏。

截至 2021 年，根据脑波高速处理语言和想象，并将其可视化的技术正处于开发阶段。但真正普及恐怕至少还需要 10—20 年。而且未来的 BCI 还会与智能设备（智能手机、探测器、可穿戴设备等）、汽车、叉车等相结合，处理信息的能力会更强大。

另外，虽然能在人类头盖骨上钻孔并植入 BCI 的手术机器人也处于研发阶段，但预计其安全性还需要一定时间才能得到确认。

BCI

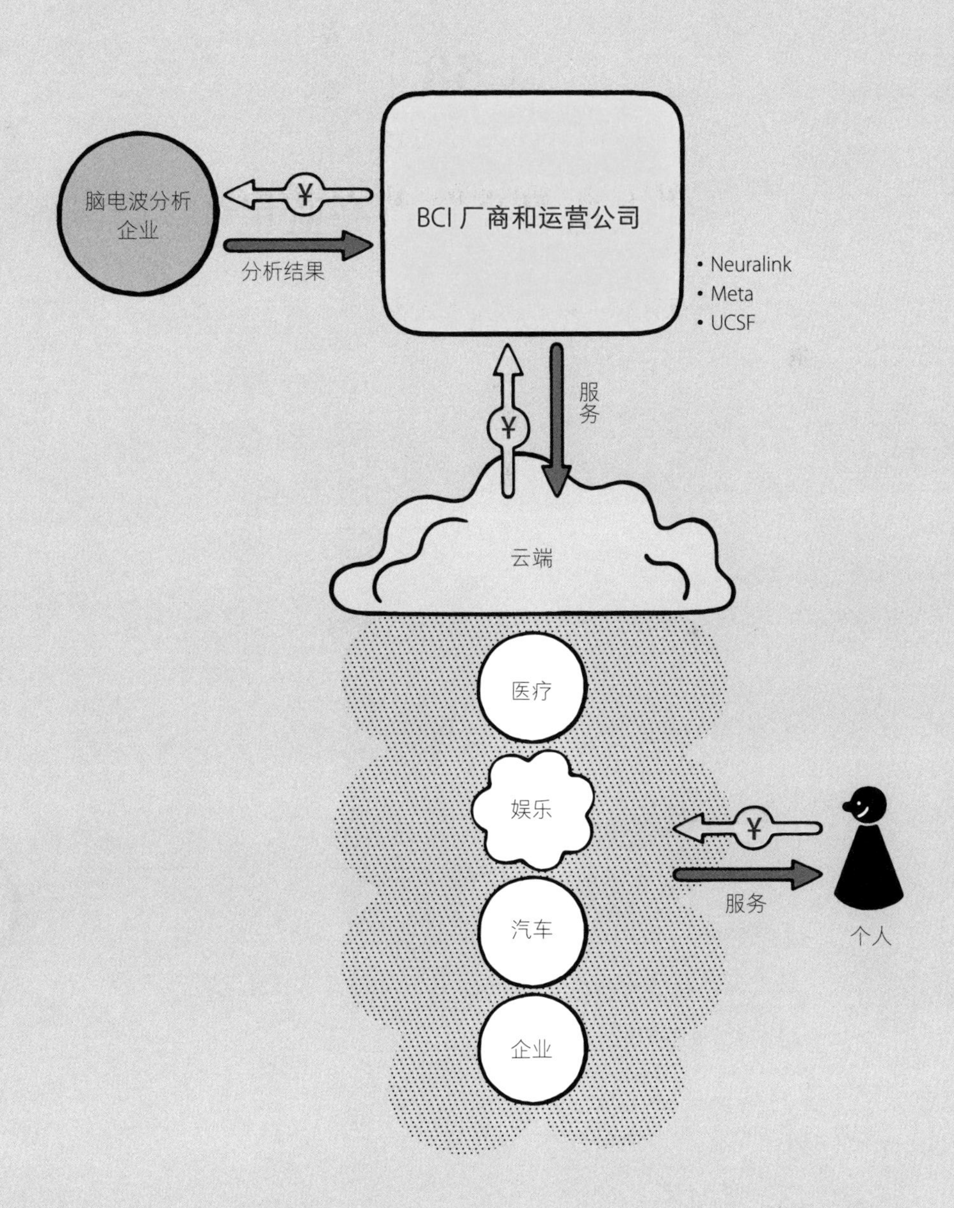
脑电波分析企业
分析结果
BCI 厂商和运营公司
• Neuralink
• Meta
• UCSF
服务
云端
医疗
娱乐
汽车
企业
服务
个人

| 38 |

“人造月亮”点亮蓝星

未来，我们可以用人造卫星制造“人造月亮”，让“人造月亮”在宇宙点亮地球的夜空，能为我们节省电费，还能帮助我们在夜间工作。

“人造月亮”由人造卫星点亮

未来，我们可以利用人造卫星制造“人造月亮”。下面介绍一下这个构想。中国曾计划在2020年前发射照明用人造卫星“人造月亮”[①]。目的是代替路灯照亮城市，节约电费。之后虽然没有关于该计划的发布和报道，具体情况还不得而知，但我认为将来这个计划或类似的计划，很有可能在中国或其他国家问世。

因为必须时刻照亮地面，卫星被投入静止轨道[②]的可能性很高。这种卫星表面涂层的反射膜会将太阳光反射到地球。该卫星可以照亮地球上直径 80km 的区域[③]。另外，在几十米的范围内，还能在一定程度上控制亮度。如果加上真正月亮的光照，那么夜晚的亮度会比平时高 8 倍。

除了静止轨道，也可以考虑在地球低轨道[④]上投入卫星。在这种情况下，为了能够一直照亮地面，要让普通卫星组成大规模卫星群。而想要在地球低轨道上重新组成大规模卫星群，需要耗费大量资金，时间也很难安排。因此，有一种方案是让现

---

① 中国航天科技集团公司（CASC）于 2018 年 10 月 10 日在中国成都市举行的“全国创业创新活动周”上发布了这一构想。

② 静止轨道卫星是指，在 36 000km 高度的宇宙中运行的卫星，由于地球的自转速度和卫星的旋转速度一致，所以从地球上看，卫星就好像是静止了一样。

③ 直径 80km，如果以东京为中心，则能包含八王子市、千叶市、埼玉市、横滨市等地区，这是很大一片区域。

④ 低轨道卫星在 2 000km 以下的高度围绕地球运行。大多数卫星的飞行高度为 400—500km，绕地球一周大约需要 90 分钟。

有的互联网卫星作为有效载荷（卫星上搭载的，用于执行其他任务的机器），承担人造月球的作用。例如，在 SpaceX 的“Starlink”、亚马逊的“Project Kuiper”、OneWeb 等互联网卫星群上安装反射膜，构建“人造月亮”。

但是，天文学家们担心大规模卫星群会对地面天体观测产生不良影响。

“人造月亮”主要用于公共事业

“人造月亮”将作为公共事业开发、生产和发射，并面向以下市场提供服务。

◎ 收费公路运营企业

城市道路、高速公路、铁路等工程为了避免交通拥挤和堵塞，常常在深夜施工。利用“人造月亮”照明，让工地夜间亮如白昼，这样就能提高工作效率了。

◎ 地方政府

如果有人在登山途中或海上遇险，此时恰逢是夜间，有关部门就不得不暂停搜救工作。如果使用“人造月亮”照亮搜救区域的话，遇难者被发现的可能性和生存率都会提高。除此之外，“人造月亮”还能在地震、台风等自然灾害的修复工作和因灾停电时的救助活动中发挥作用。

既然是用于救援救灾工作，我们很容易把“人造月亮”和公共事业联系起来，也会理所当然地认为，“人造月亮”应当由政府机关应用、管理。我们很有可能将“人造月亮”卫星发射到静止轨道，但是静止轨道目前已经十分“拥挤”。因此，想将卫星发射到静止轨道是非常困难的。卫星发射在静止轨道，从地球上看过去就仿佛静止一样，所以这样的卫星才适合观测地球（了解灾情或用于天气预报）。国家机关为了利用这一优势，已经发射太多静止轨道卫星了。

另外，企业考虑到确保地球同步轨道的难度，也有可能利用地球低轨道上的大规模卫星群（互联网卫星和遥感卫星等）发挥“人造月亮”的功能。

我们尚不知道，中国预计在 2020 年发射的“人造月亮”为何延期，但我相信总有一天会有某个国家或企业实现这一构想。想要实现这一构想，除了技术方面的问题，更重要的是克服预算和日程等方面的问题。但是，如果条件成熟并趁早做出决定的话，10—20 年内必然会有成果。

人造月亮

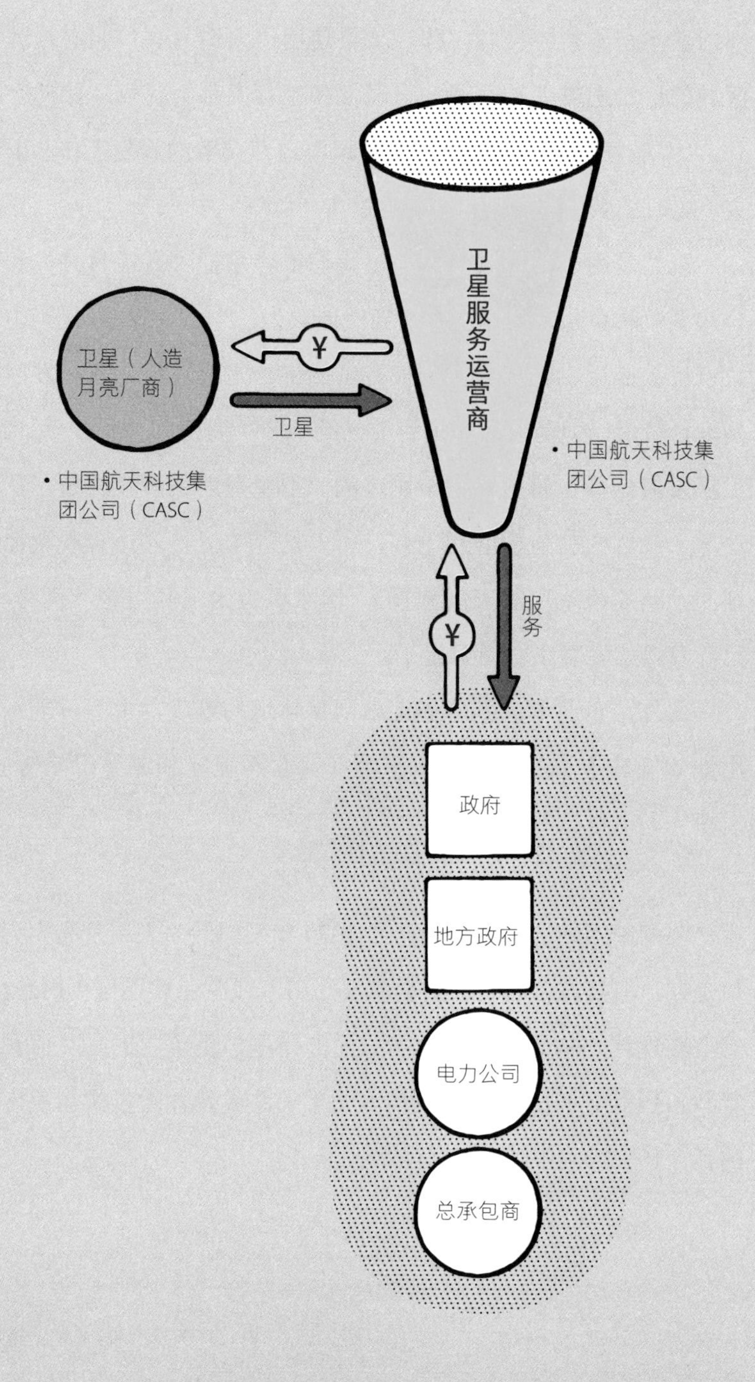

卫星（人造月亮厂商）
¥
卫星
卫星服务运营商
• 中国航天科技集团公司（CASC）
• 中国航天科技集团公司（CASC）
¥
服务
政府
地方政府
电力公司
总承包商

2040 年

| 39 |

飞向月球和火星

2040 年左右，月球及火星移民计划即将启动，届时会有许多太空生物采矿设备问世，这些设备将用于太空建筑和电子设备的制造。

生物采矿是利用微生物从矿石中溶解金属的技术

下面介绍一下生物采矿的研究进展。一般来说，采矿的过程是：挖出矿石，分离有用的矿物（选矿），收集（精矿），去除不需要的元素（精炼）。而生物采矿是借助微生物的力量，从矿石中溶解出金属的技术。如在黄铜矿堆里喷洒含有铁氧化细菌的溶液，铜和铁就会被溶解出来，这就是生物采矿技术的典型案例。

未来，我们会把生物采矿技术带上宇宙。实际上，宇宙生物采矿从 10 多年前就进入了准备期。英国爱丁堡大学正在国际宇宙空间站 ISS 使用一种被称为 BioRock 的火柴盒大小的小型生物采矿反应器进行生物采矿实验。实验目的是确认在宇宙这种特殊的重力环境下，生物采矿是否能发挥作用。2019 年 7 月，SpaceX 的猎鹰 9 号发射了 18 个 BioRock。并且，在国际宇宙空间站 ISS 内，模拟火星、地球、微重力三种重力的环境下，用生物采矿技术成功提取了稀土元素[①]和钒。BioRock 使用了 3 种微生物（鞘氨醇单胞菌、枯草芽孢杆菌、耐金属贪铜菌）。通过这个实验，我们大致了解了三点：①即使重力变化，生物采矿的稀土元素提取率也没有显著差异；②鞘氨醇单胞菌比在任何重力下的生物采矿效率都高出 1.1—4.29 倍；③在重力降低的条件下，钒的生物采矿率也增加了 283%。

---

① 稀土元素是 31 种稀有金属的一种，是 17 种元素的总称。

把生物采矿技术带上宇宙

宇宙生物采矿企业可以进军以下市场。

◎ 宇宙微生物、生物采矿设备

未来，采矿设备需要购买适合生物挖掘的微生物，并配备保持微生物活性的装置。而且，这些采矿设备也会日趋完善，最终像地球上的采矿设备一样。另外，宇宙生物采矿企业可以将提取的稀土元素和钒等产品销往以下市场。

◎ 宇宙电子机械

未来，相关企业将利用生物采矿技术从月球表面（月面）提取稀土元素，在月球和火星基地向制造重要电子设备的企业销售。电子产品制造商则会利用稀土制造电子产品，并销售用稀土制作的电子产品。

◎ 宇宙建筑公司

未来，宇宙生物采矿企业使用生物采矿技术提取出钒，再将其销售给建设企业。钒可以用来制造高强度、耐腐蚀的建材，这些建材又可用于月球和火星的建设。

在宇宙修建建筑物少不了钒，但如果用宇宙飞船从地球运输钒就不太现实了，因为运输量太大了。而且，稀土本就是地球上的稀缺资源，如果还要运到宇宙，那成本实在太高了。虽然月球和火星上也有贵金属，但必须从岩石和泥土中挖掘出来才能使用。不过，即使想从地球采购采矿设备，也会因为重量过重导致成本过高。解决这些问题的方法之一就是生物采矿技术。

据说 2024 年将是人类载人登月、驻月的元年（阿尔忒弥斯计划）[①]，而 2040 年人类即将登陆火星。预计宇宙微生物采矿要到 2040 年以后才能进入一定规模的商业化阶段。

① 继阿波罗计划之后，美国主导的又一项载人登月计划。该计划的目标是在 2024 年之前让人类登上月球，但也有报道称计划将被推迟。

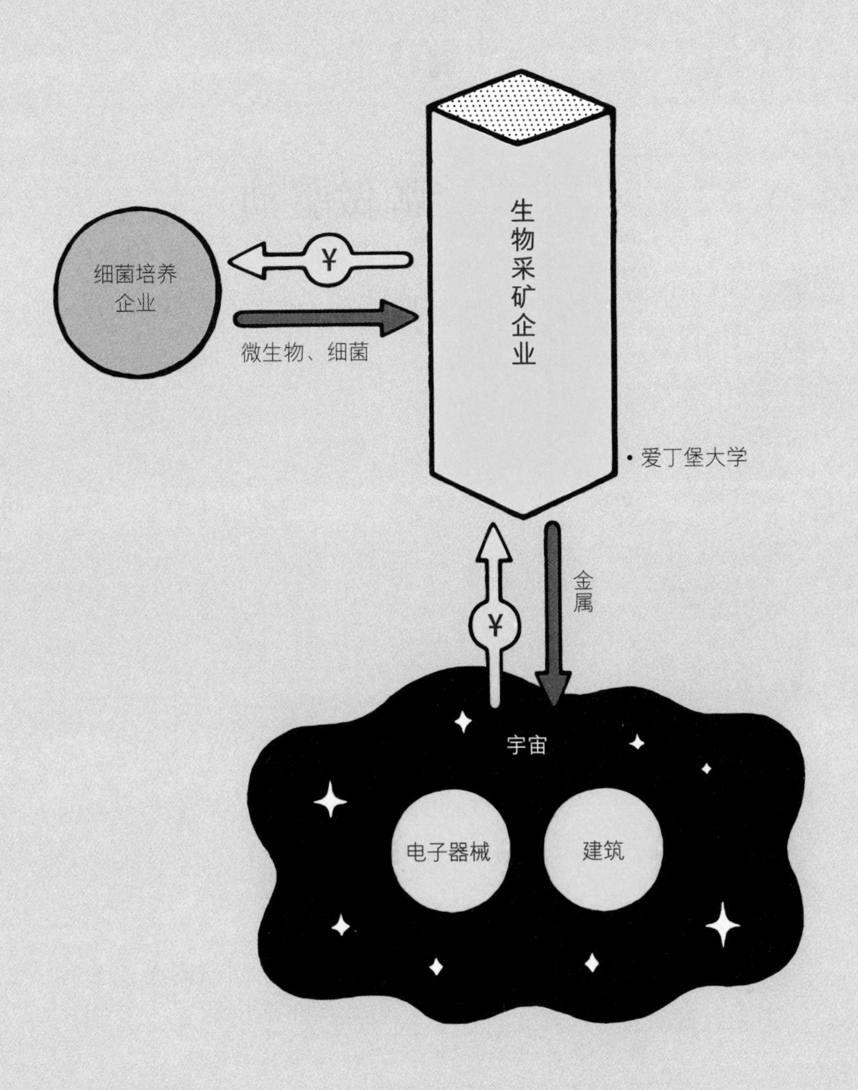
宇宙微生物采矿
细菌培养企业
生物采矿企业
微生物、细菌
爱丁堡大学
金属
宇宙
电子器械
建筑

| 40 |

利用氢能源做驱动

如果能低成本、低技术门槛地生成氢气，日本离“无二氧化碳氢气供应系统”供应链的形成就又迈进了一步。

简单又“氢”松

未来，氢的生成将变得非常简单。我先来介绍一下制氢的技术发展情况。

现在一般的制氢方法有：①用催化剂从石油、天然气等化石燃料中进行改性；②用催化剂等从生物量中提取甲醇、沼气进行改性；③提炼炼铁厂、化工厂等产生的副生气体；④用自然能源发电产生的电对水进行电解。可是不论哪种方法都不容易。

那么，让我们来看看新开发的技术。福冈工业大学高原教授[①]的科研团队开发了只用铝和水生成氢气的方法。

$$2Al + 3H_2O \rightarrow Al_2O_3 + 3H_2$$

据福冈工业大学介绍，由于铝具有容易与氧反应的特性，一旦接触空气，铝的表面很快就会被氧化出一层极薄的氧化膜，所以铝通常不会与水发生反应。于是，高原教授将工厂加工零件和模具时产生的铝废料，用特殊的装置磨碎，加工成更细小的微粒。因为铝以微粒形式存在，粒子内有细小的裂缝，水沿着这个裂缝侵入，水分子分解加速，就会产生氢气。该技术仅用 1g 铝和水就能制造约 1L 的氢气。实际上，利用这种

① 高原教授不止一次提到过，在 1989 年上映的《回到未来（第二部）》中，将铝罐等垃圾当作燃料的梦幻跑车 DeLorean。

反应产生的氢气已经能够用于制造燃料电池，而且已经有三轮电动车用上了这种电池。另外，新能源·产业技术综合开发机构（NEDO）和人工光合作用化学工艺技术研究会（ARPChem）通过人工光合作用成功地生成了氢气[①]。这项技术通过光触媒将太阳光紫外线中的水分解成氢气和氧气，并通过分离膜提取氢气。另外，工厂等排出的二氧化碳和氢气还可以生成 C_2—C_4 烯烃的塑料原料。

简单的制氢技术将成为供应链的一环

生产氢气的企业需要采购生产氢所需的设备或设备所需的零部件。然后，这些装置产生的氢被销售给氢发电、燃料电池、金属冶金、火箭燃料、太阳能电池板制造等企业。日本为了实现氢能社会，制定了氢能燃料电池战略路线图。2040 年后，日本将确立基于可再生能源的无二氧化碳氢气供应系统。

福冈工业大学的新技术中所需的铝和水都不贵。但是，铝

① 使用太阳能源，将能量水平相对较低的水和二氧化碳等，转换成能量水平较高的氢和有机化合物等的技术。

的生成需要大量的电力，用特殊的装置将铝磨碎，再加工成更细的微粒子所需的总成本，能否通过氢气的生产来弥补，仍旧是个问题。

此外，今后科学家们还将进一步改善通过人工光合作用产生氢气的方法：①实现可见光响应型制氢方法；②开发具有太阳光能量转化效率（5%—10%）的高效光触媒；③降低成本。如果这些问题都能得到解决，这对于氢供应链来说将是一次伟大的变革。

日本发布了2050年碳中和宣言。从国际角度上看，今后氢能源市场也会不断扩大。总而言之，2040年以后，所有的技术和成本问题都将得到解决，希望到时仅铝和水产生氢气的技术和人工光合作用产生氢气的技术能够成为主流的制氢方式。

制窖：氢

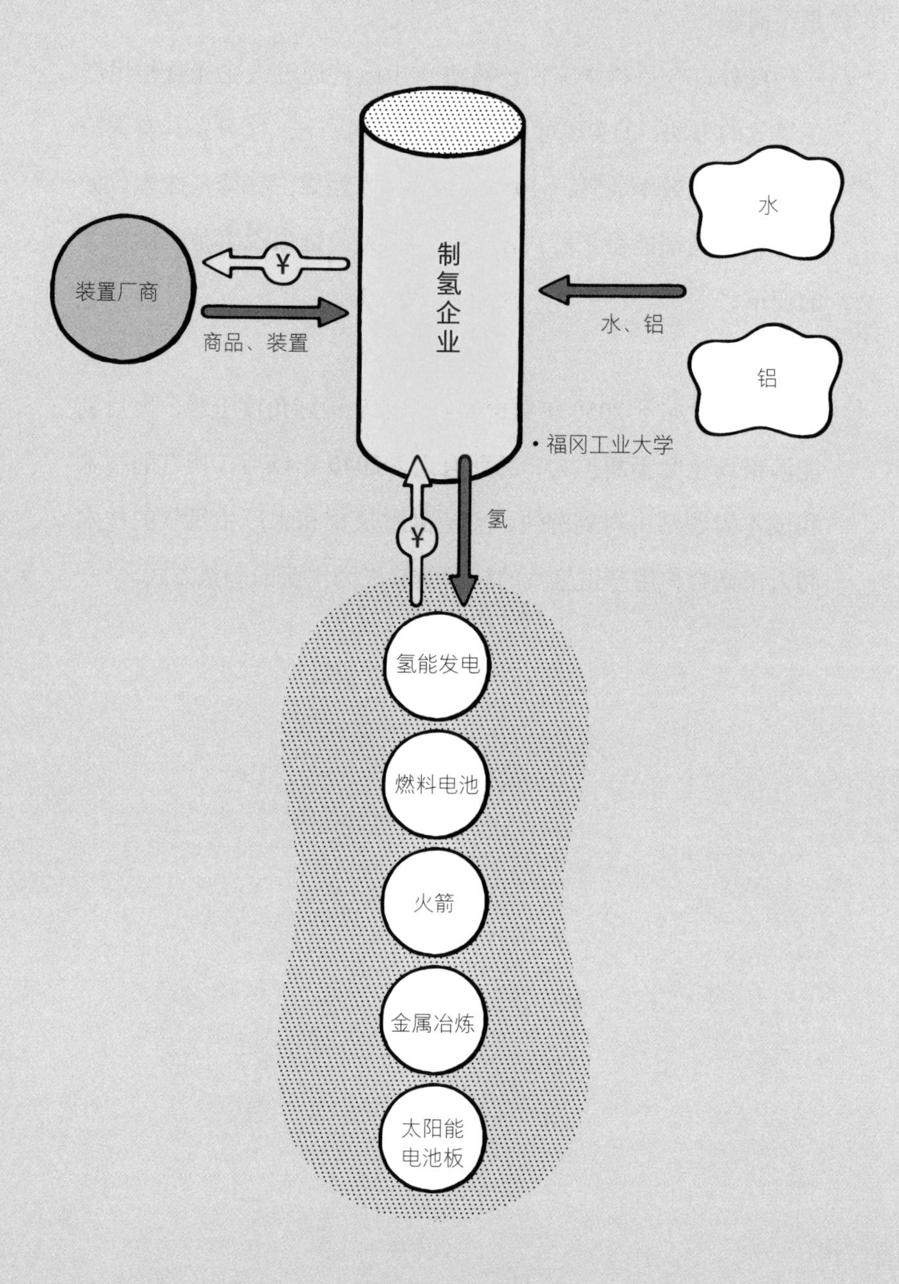

| 41 |

宇宙：未来旅游胜地

2040 年以后，宇宙旅行将从富裕阶层向普通人普及，预计宇宙旅行将成为最令人期待的旅行目的地。

普通人也能圆梦太空

从广义上讲，宇航员停留在国际空间站ISS也属于宇宙旅行。因此，从技术上判断，宇宙旅行可以说已经实现了。但是，我们这里说的“游客”当然不是指接受过特殊训练的宇航员，而是普通百姓。而且没有国家和政府给他们“报销旅费”，他们是自费前往宇宙的。

现在的宇宙旅行是“次轨道旅行”。次轨道旅行是指利用火箭等运输机上升，到达100km高度[①]。宇宙旅行总时长90分钟左右，在100km的高空仅会停留几分钟，游客可以一边体验无重力空间，一边观赏地球和星空。美国Virgin Galactic、Blue Origin已经开始为普通人提供次轨道旅行体验。

另外还有绕地球低轨道飞行若干天的旅行线路。美国SpaceX公司已经在Inspiration 4项目中利用载人飞船“Crew Dragon”成功实现了普通人的宇宙旅行。可见，如今面向普通人的宇宙旅行项目的安全性已经有了保障。

宇宙旅行不单包括乘坐运输机，还包括在宇宙酒店居住的

① 世界上普遍的共识是，将高度100km以上的卡门线外定义为宇宙。此外，美国空军将80km以上的高度定义为宇宙。

体验。宇宙酒店其实就相当于国际宇宙空间站 ISS[①]，也就是停留在地球低轨道宇宙的居住空间。美国 Bigelow 航空航天公司、Axiom 航天公司等都在计划推出此类航线。

“走”出宇宙飞船，探索舱外的未知世界，这也是宇宙旅行的一种形式，但目前尚不能实现。提到宇航员，我们不由会联想起厚重的舱外宇航服。普通人穿着它，或许也能到宇宙空间站外自由探索。另外旅行未必一定要登陆月球或火星，也可以绕着星球观光。或者也可以选择登陆月球或火星后，暂时停留在当地的“宇宙都市”。据了解，SpaceX 正在稳步推进 Starship 宇宙飞船的开发工作。

当然，我们也未必真的要去宇宙，乘坐飞艇到平流层的旅行也是一个不错的选择，目前也有企业正在研发这项技术。飞行高度为 20—30km，这相当于普通飞机飞行高度（10km）的 2—3 倍。从平流层眺望地球，或许也能让我们找到从宇宙遥望蓝星的感觉吧？美国 Space Perspective、美国 World View、中国的光启科学、日本的 SPACE BALLOON 都在计划推出这项服务。

① 有报道称国际宇宙空间站 ISS 已经开始老化，预计将在 2024 年弃用，也有报道称预计 2028—2030 年弃用。Axiom 航天公司决定，一旦空间站被弃用，它们就会将其转为民用和商用。

宇宙旅行的关键是价格亲民化

宇宙旅行商业化可以参考目前国内外旅行公司的模式。培训、娱乐、保险都将为宇宙旅行提供差异化的帮助。

宇宙旅行的事前训练由培训学校负责。虽然与 NASA 和 JAXA 宇航员接受的训练不同，但从 10—80 岁的普通“游客”也要承受来自运输机的噪声、振动和超声速的重力加速度。而我们的训练项目也要能让各种人都能承受，或者量体裁衣地设定训练计划。如果是到平流层旅行，因为只是乘坐飞艇，所以不需要训练。

娱乐方面将利用“宇宙”这一特征，实现多元化。平流层旅行虽然不能体验无重力，但可以轻松地举办两三个小时的高空派对、婚礼、婚宴等活动。

目前，宇宙旅行还只面向富裕阶层，要想普及工薪阶层，降低价格是关键。为了压缩成本，我们需要宇宙飞船大型生产基地、宇宙飞船的改装再利用技术和针对各类游客的训练计划，而这一切都需要靠时间积累。

但是，与以往的 Old Space 时代相比，New Space 时代的风险企业的业务发展速度会非常快。鉴于这些情况，我认为积累各种各样的知识需要 10—20 年，宇宙旅行的低价化和普及化会在 2040 年之前实现。我相信，宇宙将是未来人们旅游的首选目的地。

宇宙旅行

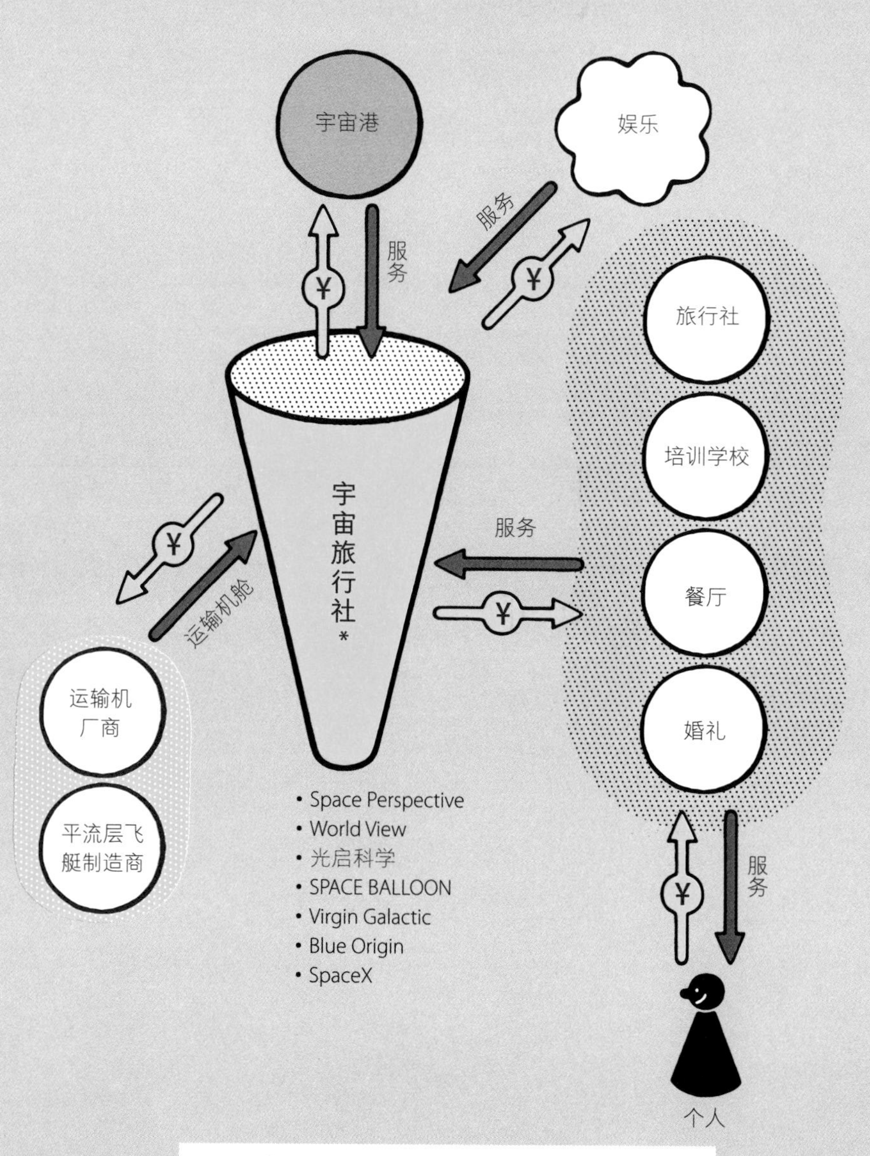

* 可兼任运输机厂商和平流层飞艇厂商

2040年—2050年

42

人工冬眠：火星移民关键技术

去火星大约需要180天。为了解决宇宙飞船无法装载大量水和粮食的问题，我们将使用“人工冬眠”技术。但至少在2040—2050年之后，这项技术才能真正成熟，并应用于火星移民计划。

降低体温，停止活动

像动物冬眠一样，让人的体温下降，停止活动，这种状态被称为“人工冬眠”。人工冬眠也被称为 Hibernation、Hyper Sleep、Cold Sleep 等。现在，为了实现人类的人工冬眠，科学家们正在大白鼠和小白鼠身上进行各种各样的研究。日本理化学研究所阐明了冬眠状态下的节能机制，还发现了诱导进入冬眠状态的方法，取得了惊人的成果。

此外，NASA 和美国 SpaceWorks Enterprises 还在 2018 年发表的《NASA 创新先进概念（NASA Innovative Advanced Concepts）》中宣称，它们对火星运输进行了一系列研究，并得出如下结论：我们可以在宇宙飞船内装上人工冬眠舱，头部位置的 Oxygen Hood 负责供氧和排除二氧化碳。休眠舱支持随时用传感器监测心脏和其他器官。休眠舱可以让人的体温维持在 10℃ 以下，同时还能供给营养和水，并通过电刺激维持肌肉活力，甚至还能处理排泄物。

2019 年，欧洲航天局 ESA 研究了如何用最恰当的方式让宇航员进入冬眠，以及如何在紧急情况下保护人类安全。为了诱导宇航员进入冬眠状态，必须使用药物，让宇航员像动物一样在体内囤积脂肪。然后，在黑暗、低温的状态下进入冬眠用的休眠舱，从地球到火星的路上“睡够”180 天，再经过 21 天的恢复期后醒来。据说人工冬眠后的人不会有骨骼和肌肉的消耗。

人工冬眠技术应对医疗和气候变化问题

我们之所以要研究人工冬眠技术，当然不只是为了完成火星移民计划，也是为了应对医疗和气候变化等问题。

◎ 应对医疗

假如要用救护车把急诊病人送到医院，如何尽快到达医院进行治疗就是挽救生命的关键。在这种情况下，如果让患者先进入人工冬眠，就能减少能量消耗，从而减轻身体的负担。同时，人工冬眠还能减少心脏和肺等脏器的负担，防止病情恶化。从另一个角度看，我们是给患者争取更多的治疗时间。另外，人工冬眠在抑制衰老方面也备受期待。

◎ 应对气候变化

如果地球遭遇严重的气候变化，我们的生活环境彻底改变，那么人类就可以进入人工冬眠状态，等待时间的流逝，就像科幻漫画《望乡太郎》里的情节一样。

◎ 航天

从地球到火星，要在宇宙飞船中生活 180 天，所以宇宙飞船上必须携带足够全船人员使用的水、食物、空气等[1]。另外，在这段时间里，人们要在狭小的封闭空间里生活，不论是身体还是心灵，都将受到巨大的挑战。这些问题自然也可以通过人工冬眠来解决。

到目前为止，NASA 和 SpaceWorks Enterprises 已经推出了 4 人型和 8 人型两种人工冬眠用概念宇宙飞船。8 人型宇宙飞船，重 42.3t、长 8.75m、直径 7.25m、所需电力 30kw，估计需要 3 000—4 000 亿日元的费用。4 人型的尺寸和成本都只有 8 人型的一半。

据人工冬眠的研究人员介绍，至少要到 2030 年后，才能在保证安全的前提下，让人类的代谢速度降低 10 分钟。2030 年后医疗机构或许是第一批用上人工冬眠设备的行业。预计 2040—2050 年后，人工冬眠技术才能用来应对气候变化和火星移民问题。

① 在宇宙飞船上度过的 180 天里，水、食物、空气日用品的消耗相当大。如果算上抵达火星及返回地球所需的物资，宇宙飞船根本无法承载。

人工冬眠

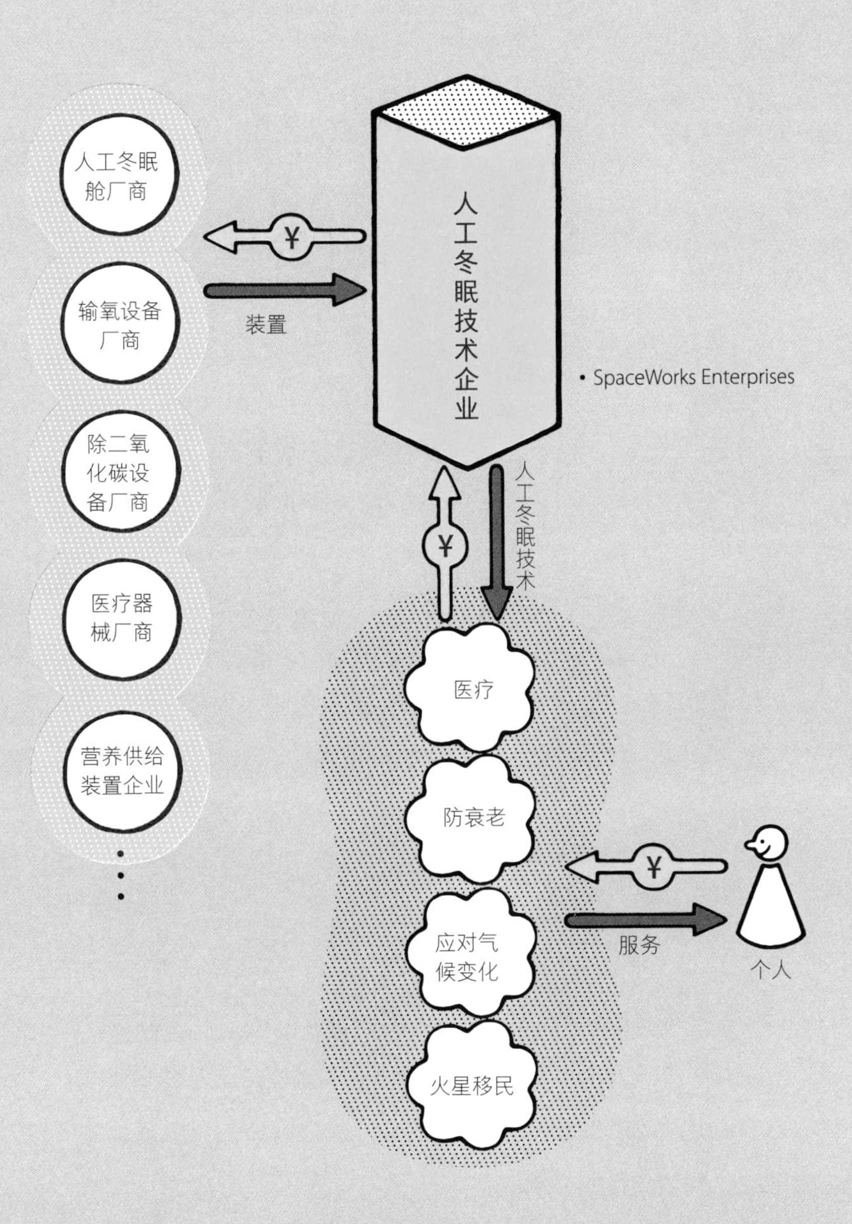

人工冬眠舱厂商
输氧设备厂商
除二氧化碳设备厂商
医疗器械厂商
营养供给装置企业
¥
装置
人工冬眠技术企业
• SpaceWorks Enterprises
¥
人工冬眠技术
医疗
防衰老
应对气候变化
火星移民
¥
服务
个人

| 43 |

深海城市开发

2040 年或 2050 年以后，“超级总承包商”将在海底建造房屋、开设酒店、修建住宅，或者开发旅游业、兴建发电厂。

抵御深海水压的加压设备

地球上 95% 以上的海洋都是未知的，深海也几乎无人踏足[①]。因为深海有巨大的水压，所以在深海建造建筑物时，必须建造能够承受水压的巨大加压设施[②]。

清水建设提出了建设深海未来都市 OCEAN SPIRAL（海洋螺旋）的伟大构想。从技术上看，这座“海洋城”有望在 2030 年之前建成。OCEAN SPIRAL 也可以浮上海面，它由 3 个空间组成：①居住空间“BLUE GARDEN（蓝色花园）”；②海底基地“EARTH FACTORY（地球工厂）”；③连接居住空间和海底基地的 INFRA SPIRAL（底层螺旋）以及超级压力球。居住空间由直径 500m 的混凝土建造而成，可容纳 5 000 人居住，中心水深为 200m 左右。其中将建设酒店、住宅、门市房、研究设施等。另外，在海底 2 500m 以下的 EARTH FACTORY 将设置二氧化碳储藏设施、地震和地壳变动监测点、地下资源挖掘设施等。在居住空间和海底基地之间，将建设螺旋状的建筑物 INFRA SPIRAL。在螺旋中心移动的球体（超级压力球），可以通过空气和沙子来调整浮力，从而实现上下移动。这个超级压力球可以充当深海和深海鱼的监测点和潜水器的港口。

---

① 人类探索深海的目的有以下 5 点：①粮食；②能源；③水；④获取资源；⑤储存和再利用二氧化碳。

② 加压设施通过施加压力向空间内注入空气。这里指的是在设施内的空间中充满空气，使其内部空间和陆地上一样可供人居住。

超级压力球因为是球体，所以能够分散水压，还使用了高强度树脂混凝土和不会生锈的树脂骨架。而且，因为可以上下移动，海洋城潜入大海深处就可以躲避台风。此外，在这座深海未来都市中，还可以利用海洋温差发电[①]，通过反渗透膜淡化工艺获得淡水。

深海未来都市综合开发

深海未来都市将由类似清水建设这样拥有雄厚资金支持和强大技术背景的超级总承包商负责建设。同时，深海未来都市可以向以下市场提供服务。

◎ 酒店

深海未来都市同样需要高档酒店。而开发商则可以向酒店收取租金。

① 利用被太阳加热的浅海水和寒冷的深海水之间的温差发电。海水也是可再生能源之一。

◎ 社区

海底的商品房、租赁房。

◎ 大型商业设施、写字楼

招商引资，筑巢引凤，让企业在海底租赁写字楼，开设购物中心。

◎ 旅游业

靠水下展望台获取收入或者开设潜艇深海线路。另外，也可以招揽餐饮店、零售店来“下海”做生意，开发商则可以收取租金。

◎ 海底资源企业、研究机构

向海底资源开发企业收取设施使用费；向国立和私营研究机构收取租金。

◎ 发电、充电

利用海洋温差发电来满足建筑物的电力需求，同时出售剩余电力获得收入。在这座未来的海底城市周边，也可以考虑设置海上浮式风电平台。

◎ 潜水艇深海港运营企业

我们可以在深海建造方便人员和物资上下船的深海港。相关企业负责运营深海港，并向潜艇征收港口使用费。

想要实现这一切，或许还要等很久。不过有报道指出，2030 年前，技术层面的问题都会得到解决。因此，最早在 2040 年或 2050 年以后，我们就能在一定的深度建造房屋，深海未来都市也会初具规模。并且，在这个基础上我们也能逐步提供上述服务。

深海未来都市

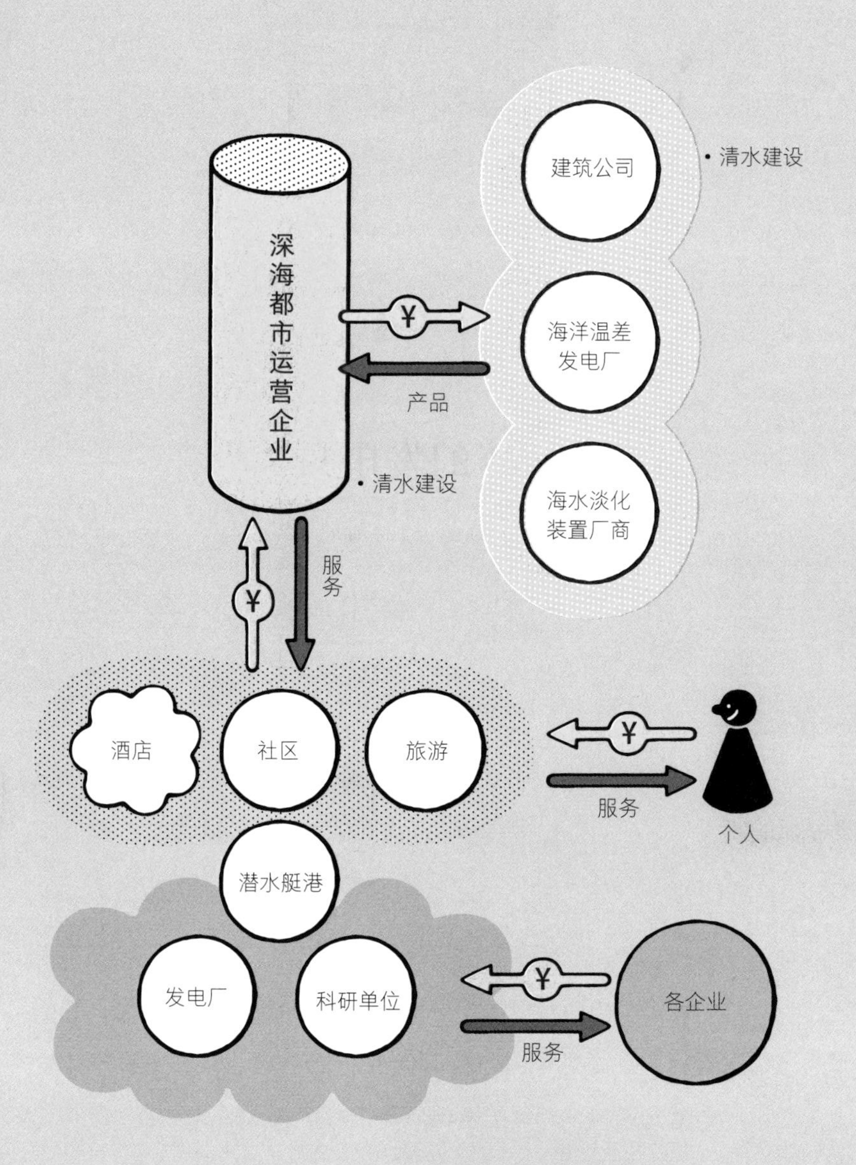

深海都市运营企业
·清水建设
建筑公司
·清水建设
¥
海洋温差发电厂
产品
海水淡化装置厂商
¥
服务
酒店
社区
旅游
¥
服务
个人
潜水艇港
发电厂
科研单位
¥
服务
各企业

2050 年

| 44 |

梦幻发电厂

新型核电站可以半永久性地从地球海水中获取能源，并安全稳定地提供电力。2050 年后，日本将出现核聚变发电厂。就此这种梦幻般的发电厂将正式进入人们的生活。

核聚变发电利用“磁场约束”和“惯性约束”

地球上的海水能为我们半永久性地提供能源，这就好比太阳为我们提供源源不断的能源一样。因此我们也把核聚变称为“陆地太阳”或“梦幻的发电站”。虽然在电影《蜘蛛侠 2》中也有章鱼博士成功进行核聚变实验的场面，但现实却与电影截然不同。

核聚变反应包括 DT 反应（氘和氚的反应）、DD 反应（氘和氘的反应）[①]。其中最容易实现的是 DT 反应，这个反应会产生 n（中子）和 He（氦）。产生的中子进入包层（核反应堆）反复散射、减速，同时加热包层的材料，然后一边输送热量一边转动涡轮发电。

人们提出了各种实现核聚变反应的方法，其中最具代表性的是“磁场约束法（用磁场约束等离子体）”和“惯性约束法（利用惯性的力使原子致密）”。磁场约束法有甜甜圈型的托卡马克型、“扭曲”甜甜圈型的螺旋型等，惯性约束法则只有激光型。

在世界范围内，各国的科研机构、大学、企业等都在进行关于核聚变的各种研发项目，而磁场约束法似乎更加先进。日本核聚变科学研究所（NIFS）正在用名为 LHD 的大型螺旋装

① D 是氘，T 是氚。D 很容易从海水中提取，是一种取之不尽的能源。T 在自然界中几乎不存在，但可以通过核聚变反应堆生成 T。

置（磁场约束法）进行研究，并取得了一定成果。其中，在2020年进行的氘等离子实验中，它们成功生成了电子温度和离子温度都达到1亿度的等离子体。

量子科学技术研究开发机构（QST）一直在用JT-60托卡马克型（磁场约束法）核反应堆进行研究。JT-60在Q值、等离子温度[①]等方面，均达到世界最高值。目前后续产品JT-60SA也正处于研发阶段。

我们把目光投向海外。加拿大的核聚变风险公司General Fusion提出了一种全新的核聚变理论，即“Magnetized Target Fusion（MTF）”磁化目标核聚变[②]。MTF的原理如下：将等离子体打入由液态金属等导体构成的区域，将等离子体连同导体一起压缩、加热，直到发生核聚变反应。这种核聚变方式可以反复进行。MTF对等离子体的约束时间比磁场约束方式更短。

另外，美国公司Helion Energy则不打算从核聚变等离子体中回收热量来驱动涡轮机产生电力。在反应堆中部互相碰撞的等离子体膨胀的时候，磁场必然会发生变化。而随着磁场的变化，根据法拉第定律可以引导电流并直接收集电流。Helion Energy目前已经用这种方法成功实现了95%的能量转换效率。

此外，它们还开发了“Self-supplied helium-3 fuel cycle”体系，将氘转化为核聚变燃料氦3（^{3}He），并获得了专利。Helion Energy也是第一个利用工业工艺生产^{3}He的企业。

---

① Q值是指通过核聚变反应输出与加热输入的比值。等离子温度是指等离子体内离子和电子的温度。

② MTF是一种介于磁场约束核聚变和惯性约束核聚变之间的方式，是一种通过挤压等离子体来获得核聚变反应的方法。

改变发电方式

核聚变发电与水力发电、火力发电、核电、可再生能源等发电方式不同，但核聚变发电的商业模式与现在的发电、售电商业模式相同。

核聚变发电企业将发电设施的材料委托给制造商进行开发和生产。再从生成 D、T 等燃料的企业采购燃料，随后发电并售卖电力。

美国和欧洲等国家计划在 2030—2040 年实现核聚变发电（包括试验性的示范厂房）。从日本绿色发展战略的时间表来看，预计到 2050 年后，日本才会实现核聚变发电。

核聚变发电

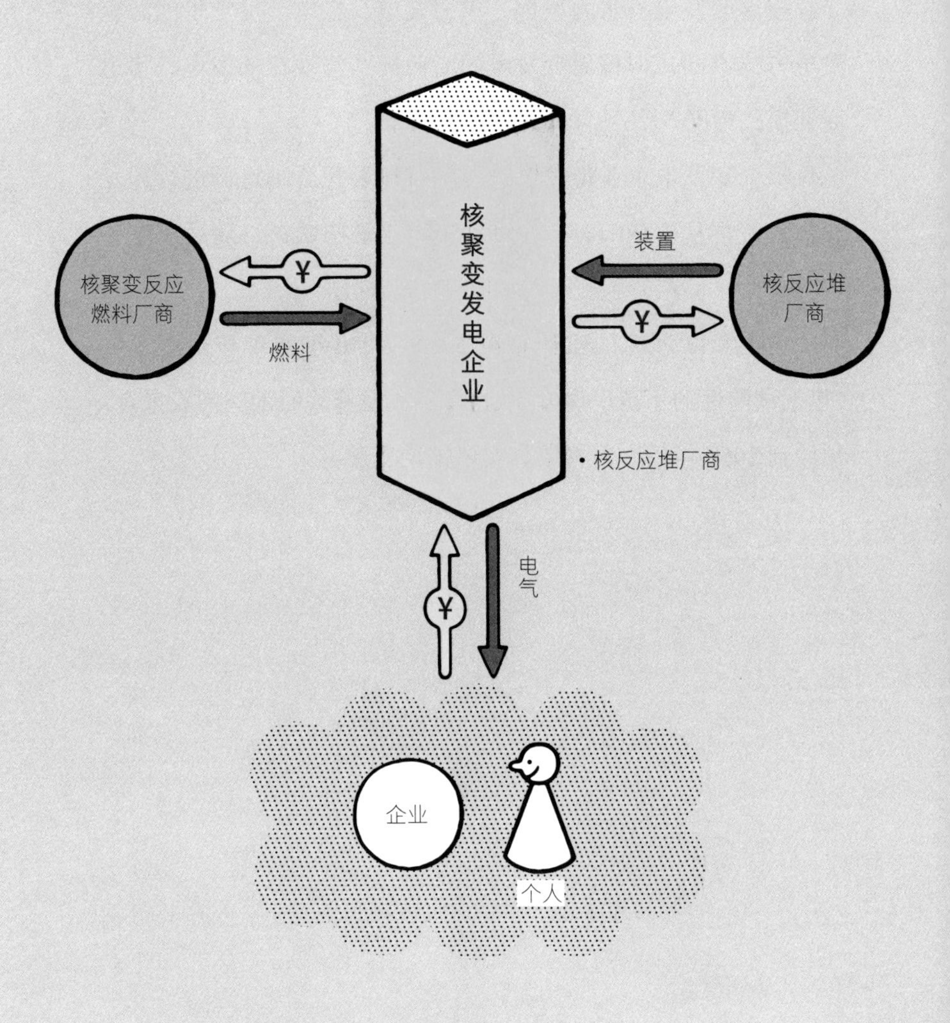

| 45 |

宇宙太阳能发电：永不枯竭的能源

在日本，宇宙太阳能发电系统计划在 2030 年进入宇宙验证阶段，2045 年以后开始进入应用阶段，到 2050 年左右真正开始应用。

在宇宙中发电，利用微波向地球输电

太空太阳能发电系统即 SSPS（Space Solar Power Systems）。SSPS 是指在宇宙空间设置巨大的太阳能电池和微波输电天线，利用微波输电天线向地面发送电力。因为不使用化石燃料，所以有利于节约能源、保护环境。这种发电形式的优势在于，不论天气和昼夜都能稳定地发电和输电。2021 年上映的电影《太阳不能动》中也出现了宇宙太阳能发电的场景。宇宙太阳能发电的构想很早就被提出，但至今尚未实现，人们对宇宙太阳能发电的可行性评价分歧很大[①]。

SSPS 的原理是，将装载太阳能电池的卫星发射到宇宙空间，进入高度为 36 000km 的静止轨道，将太阳能电池能量转换为微波。随后，再利用输电天线，将微波形成波束，控制方向，传送到地球。在地球上用受电天线接收微波，将直流电转换成交流电，传输到商用电网。如果要建成相当于 100 万 kw 级核电站的发电设施，则需要在宇宙空间铺设约 2km 见方的太阳能电池板。据悉，地面接收天线的直径为 4km[②]。

---

① 我们需要大型建筑物的运输技术、大型建筑物的小型化、轻量化技术、宇宙空间建设技术的开发和降低成本的对策。另外，从 SSPS 发送到地面的微波对人体健康、大气、电离层、飞机、电子设备等的影响也是我们需要研究的课题。

② 据了解，出于安全考虑，从受电设施向宇宙空间的太阳能电池侧发送导频信号，太阳能电池将该导频信号用于跟踪，在没有接收到该信号的情况下则不会向地球方向发送微波。

太空太阳能发电是一项大型发电业务！

虽然 SSPS 与水力发电、火力发电、核能发电、可再生能源发电等方式不同，但 SSPS 的商业模式与现在的发电、售电商业模式相同。SSPS 运营商通过运营 SSPS，将所发的电传送到地面，并通过售电获取利润。

首先，SSPS 运营商委托 SSPS 制造商进行开发和生产。随后将设备拆分并用火箭发射到宇宙，再在宇宙空间重新组装。或者折叠成小型模组，用火箭运输，在宇宙空间展开，形成巨大的发电设施[①]。

SSPS 还会衍生出其他业务。在 SSPS 运行过程中，为了避免空间碎片发生碰撞则需要进行航线检测，另外还需要考虑太阳耀斑对 SSPS 造成的损伤，SSPS 运行结束后，还需要安全废弃和再利用。

其次，由于太阳风暴的影响，SSPS 的轨道和姿态会紊乱。为了应对这一情况，SSPS 配备了推进器（通过喷射燃料修正轨道和姿态的装置），以及与姿态控制相关的设备。因此 SSPS 需要补充燃料，这自然也能催生出相关行业。而且拥有机器人技术的企业，也可以提供修正载荷姿态和轨道的服务。

---

① 对于宇宙开发项目而言，折叠人造卫星的太阳能电池板等技术非常重要。东京大学名誉教授三浦公亮的“三浦折叠”、东海大学十龟昭人博士的“十龟折叠”都是比较著名的折叠技术，此外日本的 OUTSENSE 等企业也在努力开发折叠技术。

经济产业省、文部科学省、JAXA 等机构正在研究宇宙太阳能发电技术，并将这一项目提上了国家高度。此外，京都大学的筱原真毅教授等世界知名的研究人员也在这一领域贡献了力量。

目前，日本经济产业省委托宇宙系统开发利用推进机构（JSS）展开相关研究。2020 年前，它们完成了拉康大型空间建筑物建造技术的在轨验证系统的基本设计。2021 年以后，它们着力打造一体式输电受电面板，并研究微波无线输电、受电技术，尝试推出高效率的送电设备。随着未来远距离大功率无线输电、售电技术的发展，这些技术必然会为日本各行各业带来助益。

另外，SSPS 的研究开发路线图也已公布。2040 年是“宇宙验证阶段”，2045 年以后是“实用化阶段”。我们希望在 2050 年左右，SSPS 能够成为一种进入老百姓生活的新能源。

宇宙太阳能发电

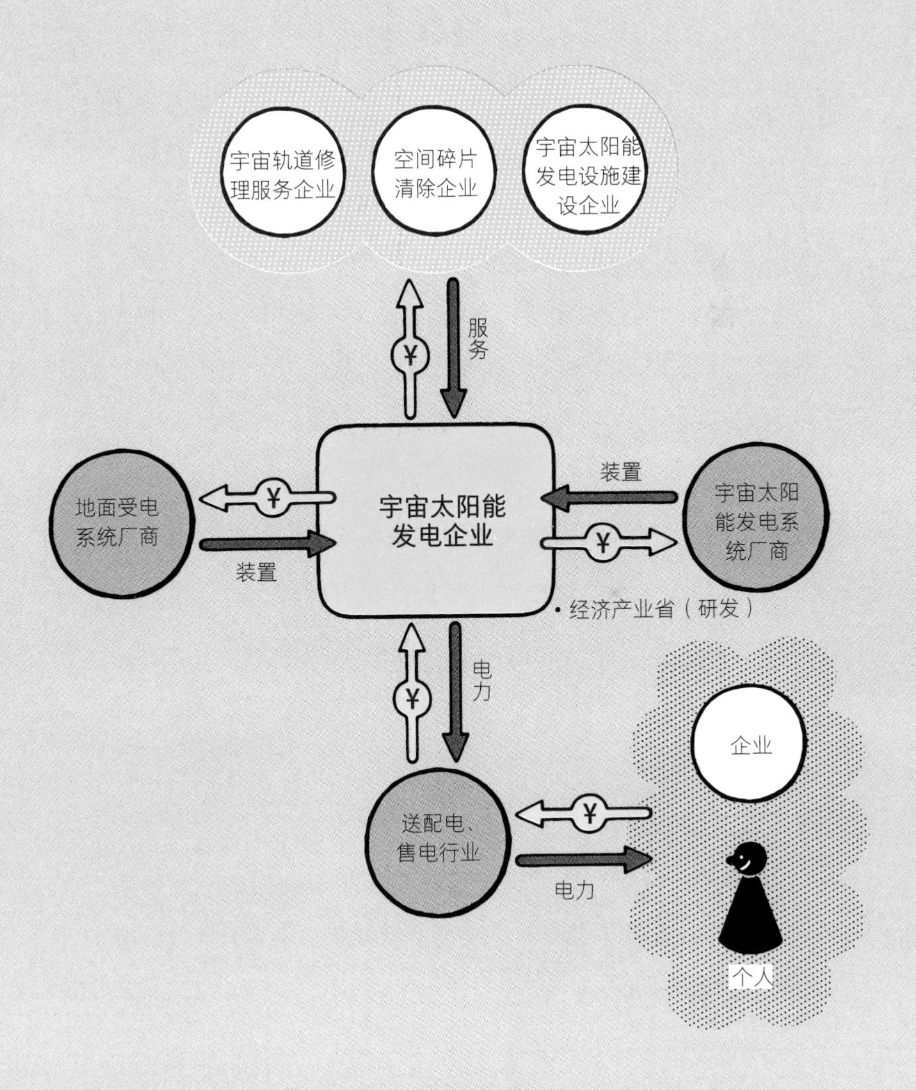

宇宙轨道修理服务企业
空间碎片清除企业
宇宙太阳能发电设施建设企业
¥
服务
地面受电系统厂商
¥
装置
宇宙太阳能发电企业
装置
宇宙太阳能发电系统厂商
¥
• 经济产业省（研发）
¥
电力
企业
送配电、售电行业
¥
电力
个人

46

人类再造巴别塔

未来，我们可以建造一座超高的摩天大楼，在大楼里经营旅游、发电、售电、开酒店、餐饮店、承包火箭发射服务、开设机场事业。

超高层建筑物：加压砌块是关键

未来的建筑物或许会冲破平流层。下面介绍一下超高层建筑的现在和未来。

2021 年的世界第一高楼是阿联酋的哈利法塔，其高度为 828m。在日本，大阪的阿倍野海阔天空大厦高度为 300m，位列日本第一。预计 2023 年东京虎门麻布台将有一座高达 330m 的大厦竣工。

截至 2021 年，世界各国都在规划高度超过 1 000m 的超高层大厦。例如，迪拜城市塔（2 400m）、日本的天空英里塔（1 700m）等，但计划细节仍不得而知。我们人类好像天生就带着向上攀登的基因，所以才会有巴别塔的传说和《龙珠》中卡林塔的想象。

加拿大一家名为 Thoth Technology 的军事和国防企业正在计划建造一座名为 Space Tower 的超高层大厦，其高度预计为 20 000m，比飞机的巡航高度还要高。为了防止设施内漏气，这座大厦将用充满压力的砌块建造，这样楼里的人就能享受和地面相同的生活了，当然它们的这项技术也获得了专利。Space Tower 是圆柱状结构，可以建在市区。地面上有吊舱站，吊舱沿着 Space Tower 的墙面呈螺旋上升。

在 Space Tower 的中部到上部，设置了很多风力发电机，墙壁上也铺设了太阳能发电板。楼顶设有展望台、飞机跑道、火箭发射场[1]。之所以要在大楼顶层建造火箭发射场主要是为了节约燃料。与在地面发射相比，在 20 000m 高空发射的飞行距离更短。

Space Tower 的构想早在 2015 年就已公开。在此之后，这个项目似乎没有新的进展，但人类向上攀登的历史不会停止，我们的“摩天大楼”必然会实现。

综合开发商主导的机场和旅游业

到达平流层的建筑物，一般会由类似 Thoth Technology 这样拥有专利技术的企业，或者是拥有强大技术背景和资金实力的超级总承包商来负责建造。而且，他们作为综合开发商，将向以下市场提供服务。

◎ 酒店

在超高层大厦内开设酒店，向富裕阶层提供服务，大厦开发商则收取租金。

① 火箭的零部件沿着 Space Tower 的中央或侧面运到顶部，并在楼顶完成组装。另外，火箭着陆后，也有可能在楼顶进行改装后再次发射。

◎ 旅游业、餐饮业

超高层大厦也可以为旅游业提供帮助，相关企业可以购买并运营吊舱，把游客带到展望台，开发商收取提成。另外也可以让餐饮业入驻，开发商收取店面租金。

◎ 发电、售电

通过设置在建筑物上的风力发电和太阳能发电设施，满足建筑物的电力需求，通过出售剩余电力获得收入。

◎ 公寓、房地产

由于超高层大厦视野开阔，因此可以作为商品房出售，也可以当成公寓。同时，超高层大厦也很适合作为公司办公楼或者用于开设购物中心。

◎ 火箭发射场、机场

大厦开发商可以向火箭发射企业提供发射场，并收取使用费。同时，如果火箭发射引擎燃烧造成了发射设备损坏，自然需要修理服务。另外，大厦楼顶也可以修建飞机场，开发商可以向航空公司收取租金。

或许还要等很长时间，我们才能看到真正的Space Tower。而预计到2050年后，人类才能建设出超乎人们想象的摩天大楼。

Space Tower

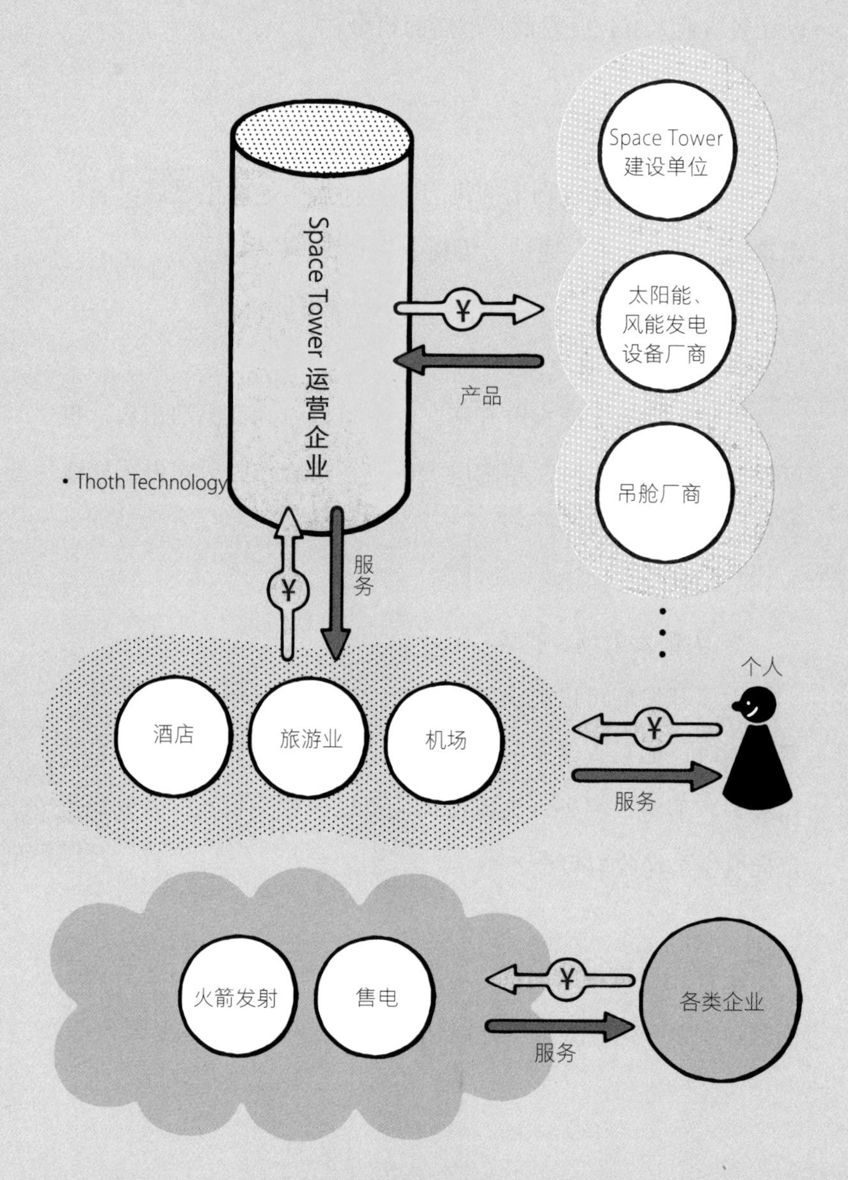

Space Tower 运营企业
• Thoth Technology
Space Tower
建设单位
太阳能、
风能发电
设备厂商
产品
吊舱厂商
服务
酒店
旅游业
机场
个人
服务
火箭发射
售电
各类企业
服务

| 47 |

台风也可呼唤

预计在 2050 年之前，人们就能够准确观测、预测并控制台风。而且台风的巨大能量也有可能转化为电力等能源。

冻结台风眼，弱化威力

未来，人类有望控制台风。下面就来讲讲人类到底是如何降服台风的。

日本每年都有多次台风登陆，强大的台风会带来巨大的损失。长久以来，我们自认为无法与自然抗衡，但实际上，人类也可以削弱、消灭在海上发生的台风，或改变台风的走向。很久以前，人类就曾经进行过关于台风控制的实验，并取得了成功。1969 年，美国气象局进行了一项实验，用飞机在台风眼外侧的云层上撒下碘化银[①]。实验结果表明，台风的最大风速能从 50m/s 降低到 35m/s。但是，适合做实验的热带低气压数量很少，有人担心台风的行进路线会因为实验而突然改变，各国也很难协调利害关系，因此实验随后被叫停。

2021 年，横滨国立大学设立了台风科学技术研究中心，旨在研究准确观测台风的技术、数值模拟准确预测的技术、将台风的能量转化为电能的技术。同时该研究中心也在探讨如何把这些技术在社会上应用。

人类之所以能够控制台风，主要是因为基于数值模拟的台风预测技术的发展。

① 碘化银与冰的结晶结构相似，如果散布到大气中，大气中的水就会结晶，并形成云。因此碘化银常常被用于人工降雨。虽然碘化银有毒性，但是在人工降雨中使用，不会对人体造成伤害。

下面谈谈控制台风的原理。台风因温暖的海水蒸发产生上升气流，中心部分气压降低，等级不断增强。如果在台风眼中心覆盖一层冰，温暖的空气就会冷却，气压下降趋势放缓，台风等级下降。并且，利用这种技术控制台风，降低台风等级，可以将风速减小 3m/s。仅仅减小 3m/s 的风速，就可以将建筑物损失降低 30% 左右，经济损失减少 1 800 亿日元。

另外，被控制的台风也可以用来发电。无人台风发电船可以像快艇一样，利用台风的风力前进，安装在船体后部的螺旋随着船的前进，通过旋转扭力发电。

从此台风更温顺

由于控制台风有较强的公益性，预计将由气象厅等政府机关负责。

◎ 政府

政府的气象厅等机关将负责台风的控制，并正确预测台风等级、损害等级，制定减少损失的最佳对策。此外，我们也可以向国外出口台风控制技术。

◎ 发电、售电

利用台风发电船储藏电能再进行售卖。

电视的天气预报和新闻的台风信息以往只包含登陆、预警、警报信息等，而未来我们也能看到类似“台风消除成功”“成功降低台风等级”之类的报道。或许我们还要创造一些前所未有的气象术语吧？

假如今后日本不会再遭遇猛烈的台风，那么河流边和山区的所有建筑物的设计、建筑标准都有可能放宽。

日本从 2021 年开始进行台风控制的研究，相信人们对台风的认识会逐渐改变。而且，到 2050 年，台风将被完全控制，就此台风不再是大自然的“威胁”而是大自然的“恩赐”。

台风控制

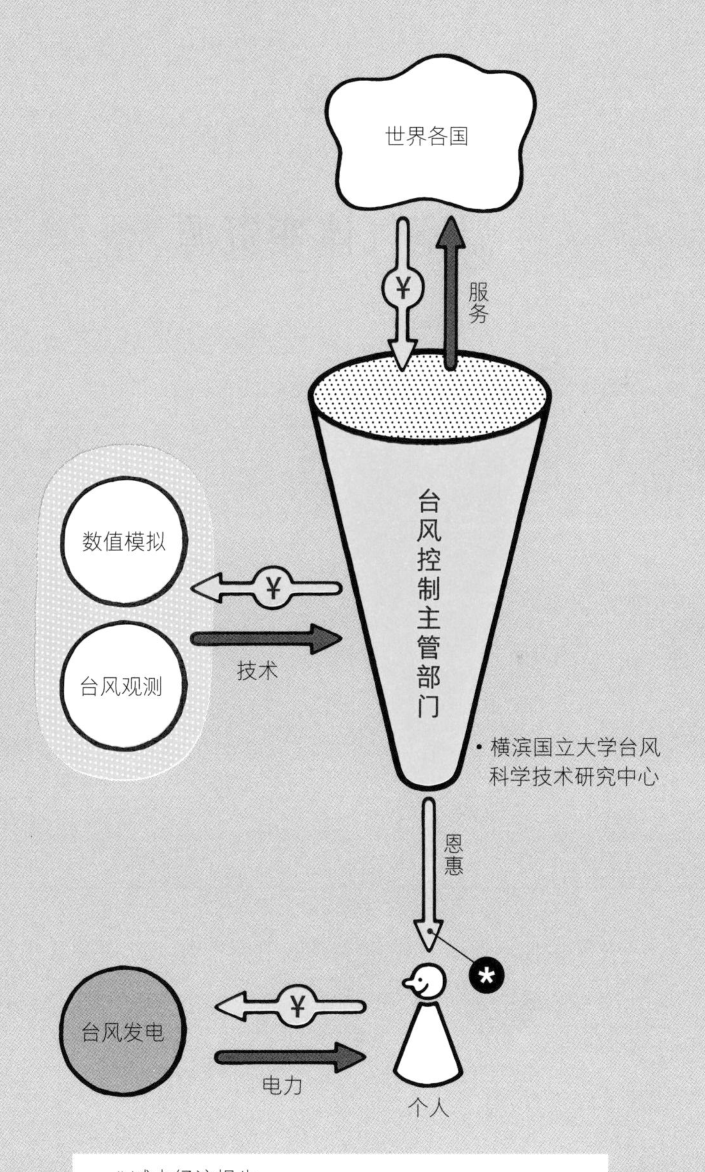

世界各国
¥
服务
台风控制主管部门
数值模拟
¥
技术
台风观测
• 横滨国立大学台风科学技术研究中心
恩惠
*
台风发电
¥
电力
个人
* 减少经济损失

| 48 |

温室气体变资源

未来，我们可以从空气中获取温室气体（二氧化碳）再将之用于各类商业活动。到 2050 年，二氧化碳将转化为化学品。

回收二氧化碳，实现变废为宝

日本宣布了到2050年实现温室气体零排放的“2050碳中和计划”①。政府还制定了绿色发展战略，通过官民合作推进。而保护地球环境正是全世界的课题。

二氧化碳虽然是温室气体，但也能转化成能源。瑞典的Climeworks公司开发出了回收大气中二氧化碳的装置Orca，目前已经开始测试。回收大气中二氧化碳的技术被称为DAC（Direct Air Capture）技术。科学家通过安装在大的箱型装置上的风扇吸入大气中的空气，并通过中心的过滤器采集二氧化碳。如果过滤器中有足够的二氧化碳，送风口和风扇就会关闭，二氧化碳就被密封在机器内。然后过滤器将会加热到约100℃，随即将二氧化碳注入水中，输送到地下深处，使之溶入岩石，长年累月将其石灰化②。Orca具有每年回收4 000吨二氧化碳的能力，这相当于28万棵杉树一年吸收的二氧化碳量。

美国的Hypergiant Industries公司③开发了使用藻类吸收二氧化碳的“EOS Bioreactor”装置。藻类在成长过程中吸收和消耗二氧化碳，并在此过程中生成生物量。生物量是指从动植物

① 这是日本前首相菅义伟在2020年10月宣布的实现脱碳社会的目标。

② 二氧化碳混入水中并被送入地下的过程中使用了冰岛carbfix企业的技术。溶入二氧化碳的水与地下岩石发生反应，随着时间的推移，地下岩石中的钙、镁、铁等元素与溶解的二氧化碳结合、钙化。据说它们可以稳定地保存几千年。

③ 一家主打AI技术的企业。在能源、航空宇宙、医疗保健、公共事业等广泛领域开展业务。

中产生的有机性资源。这种生物量经过处理后可以生产燃料，也是油和营养丰富的高蛋白食物的来源，还可以制造肥料、塑料、化妆品等。EOS Bioreactor 可以利用 AI 管理温度，促进藻类的生长。据说藻类的二氧化碳吸收力是树木的 400 倍，而且占地面积很小。

美国的 Air Company 公司开发了“Air Vodka”技术，利用二氧化碳酿酒。因为这项技术还可以利用二氧化碳制造酒精，所以除了酿酒，这项技术还能用来制造酒精喷雾。

二氧化碳回收：为了火星移民

二氧化碳回收技术企业可以开拓以下市场。

◎ 碳信用

有些企业需要排放二氧化碳，也有些企业需要严格遵守减排红线。二氧化碳回收技术企业可以向相关企业出售二氧化碳清除装置从而获得收益。

◎ 碳循环利用

有些企业利用回收的二氧化碳制造并销售各式各样的产品。它们可以制造燃料、油、高蛋白食品原料、肥料、塑料、化妆品等。

由于碳回收的技术壁垒很高，因此可以预见日本 CCUS[①] 碳回收市场将由寡头企业垄断。从绿色增长战略的时间表中可以看出，到 2030 年左右，碳循环材料将完成验证，2040—2050 年进入扩大普及和商用阶段。

◎ 航天（火星移民计划）

火星大气由二氧化碳（95.3%）、氮气（2.7%）和氩气（1.6%）等构成，其中二氧化碳占比最高。而不论是火星大气中的二氧化碳还是地球大气中的二氧化碳都可以转化为燃料。

另外，NASA 和 Air Company 拥有利用二氧化碳生产砂糖的技术。首先，它们用氢气和二氧化碳制造甲醇，随后除去氢气，让甲醇变成甲醛。甲醛是制造建筑材料和清洁剂时使用的无色、气味刺鼻的化学物质。在最后一步化学反应中，可以生成 D– 葡萄糖即单糖。我们可以利用火星上的二氧化碳生产砂糖和其他重要的原料。

---

① CCUS 是 Carbon dioxide Capture Utilization and Storage 的缩写，即指对二氧化碳的再回收、利用和储存。

二氧化碳商业

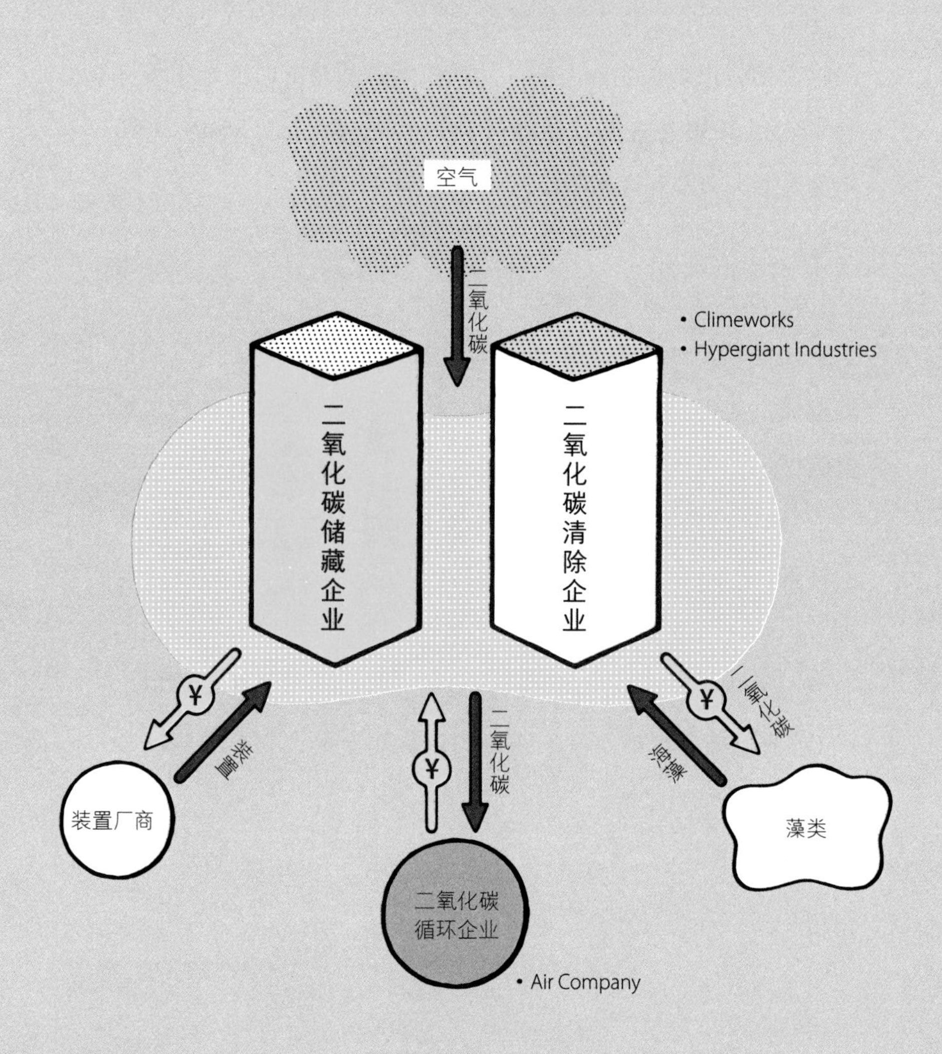

空气
二氧化碳
二氧化碳储藏企业
二氧化碳清除企业
• Climeworks
• Hypergiant Industries
¥
装置
装置厂商
¥
二氧化碳
二氧化碳循环企业
• Air Company
¥
二氧化碳
藻类
藻类

| 49 |

万能量子计算机：QCD 革命

2050 年以后，万能量子计算机将会出现，这种计算机可以在短时间内精确计算和模拟万事万物，因此生产力也将发生巨变。

拥有强大处理能力的量子计算机

所谓量子计算机，是指在计算过程中使用“量子力学”的计算机，与现在的普通计算机相比，它具有压倒性的处理能力。量子计算机的基本要素“量子比特”除了可以实现传统计算机 0 和 1 的计算，还可以实现 0 和 1 的“叠加态”。这样一来，计算步骤就会急剧减少，从而实现高速计算。量子计算机由微波控制装置、QPU（Quantum Processing Unit）运算装置和测量装置构成。

量子计算机大致可分为“量子门式”[①] 和“迁移模型式”。迁移模型式量子计算机还包括“量子退火式”[②] 和“激光网络式”。这四种量子计算机根据其特性又可分为“通用型”和“专用型”。

◎ 通用型（量子门式）

这类计算机理论上可以解决所有类型的问题，也就是通用问题。IBM、谷歌、微软、英特尔、阿里巴巴等企业都在开发这类计算机。

◎ 专用型（迁移模型式、量子退火式、激光网络式）

迁移模型式量子计算机专门用于从庞大的组合中寻找最佳组合，即解决“组合最优解问题”。D-Wave、日本电气（NEC）、

---

① 作为世界首款量子门式量子计算机，IBM Q 量子计算已经进入商业化阶段。

② 1998 年由东京工业大学的西森秀稔教授提出。

新能源产业技术综合开发机构 NEDO 等企业正在推进量子退火式量子计算机的研发。激光网络式量子计算机可以通过激光照射产生量子现象[①]。这种计算机使用的是能在常温和常压下工作的光参数振荡器。

虽然通用型量子计算机距离使用还需要 10 年以上的时间，但其广泛的用途还是值得期待的。不过，专用型量子计算机将更早进入实用阶段。目前，专用型量子计算机主要还是以 D-Wave 为代表的量子退火式量子计算机。例如，在制造业领域，DENSO（电装）公司利用量子计算机优化了无人驾驶汽车的行进路线，DENSO 和丰田通商利用量子计算机优化了曼谷的交通。Quantum Transformation Project 利用量子计算机，实时计算了飞行出租车的最佳航线和时刻表，成功将同时飞行数量提高了 70%。

量子计算机的终极目标是“万能量子计算机”

量子计算机的终极目标是“万能量子计算机（高容错通用

① NTT、国立情报学研究所 NII 等企业开发了可常温运转的“Quantum Neural Network (QNN)”量子计算机。

量子计算机）”[①]。

◎ 航空

飞机的运航管理需要确认许多复杂的参数，特别是在恶劣天气和系统故障时，参数数量会变得更多。如果万能量子计算机问世，我们就能在混乱之中找到解决方案和规避策略了。

◎ 金融

万能量子计算机可以帮助投资人优化投资策略，为交易合理定价，同时还可以更准确地识别异常交易，迅速发现不正当行为。

◎ 材料、医疗

如果能用万能量子计算机进行完全正确的模拟和预测，将会减少材料和药品研发的时间和成本。

为了在2050年前推出万能量子计算机，日本也在实施“登月型”[②]研发。2050年以后，万能量子计算机可以在短时间内进行计算和模拟，并做出正确的预测，从而颠覆我们现在的市场结构。

---

① 指搭载纠错技术的量子计算机。虽然每个量子比特的错误率很低，但计算过程中难免会积累错误，因此容错率需要100万比特以上。这样的话就需要增加量子比特的数量（可延展性）。

② 日本2019年提出的研发策略，是一种面向未来的研发策略。

量子计算机

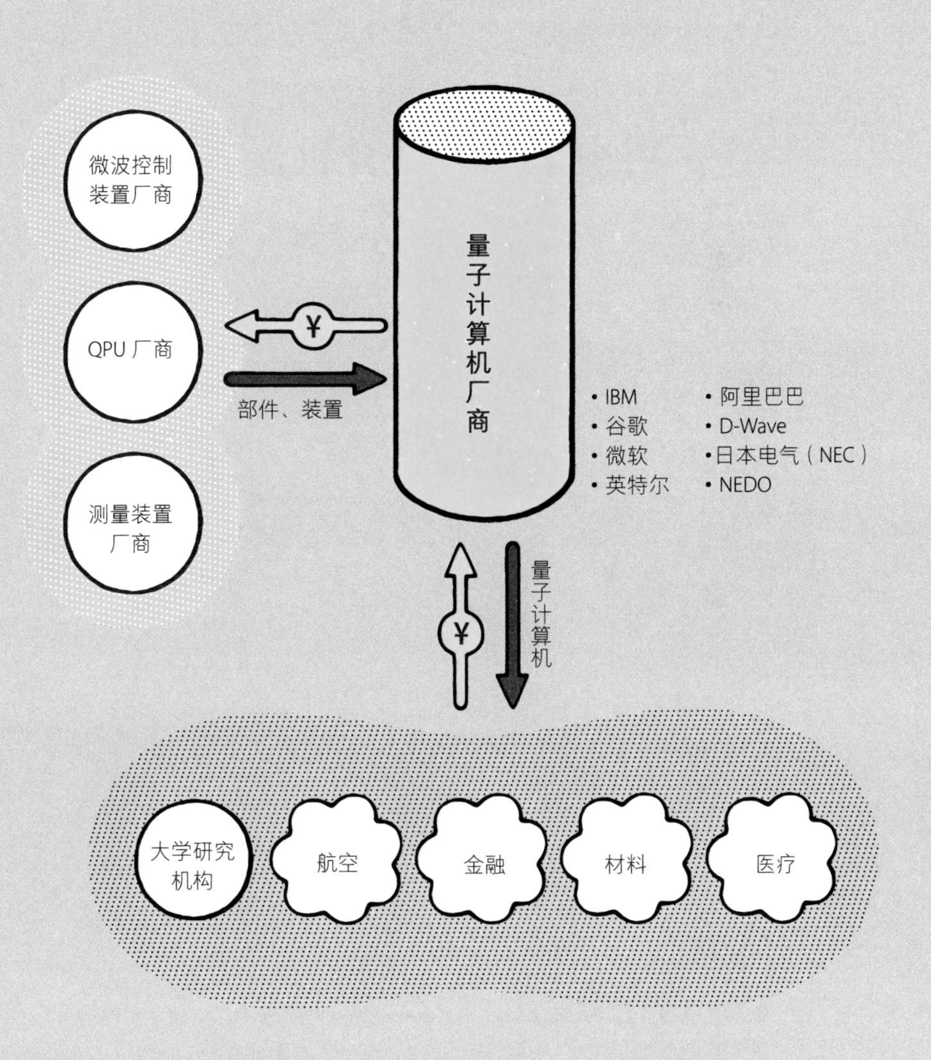

微波控制装置厂商
QPU 厂商
测量装置厂商
¥
部件、装置
量子计算机厂商
• IBM
• 谷歌
• 微软
• 英特尔
• 阿里巴巴
• D-Wave
• 日本电气（NEC）
• NEDO
¥
量子计算机
大学研究机构
航空
金融
材料
医疗

| 50 |

自由自在的替身机器人

利用替身机器人技术①，人的身体和替身机器人②之间的界线变得模糊，2025 年开始，人类的活动范围将不再受限。

① 通过可以远程操作，和自己的身体一样拥有相同感觉的“替身机器人”，通过化身机器人实现网络空间和物理空间的高度融合，在两个空间之间穿梭生活的技术。

② 即自己（用户）的替身，这里指的是在用户操作的同时，做出相同行动的机器人。即 ① 的“替身机器人”。

替身机器人技术的关键是生物信号处理、机器人控制和 VR

日本的 MELTIN MMI 和 Telexistence 正在着手开发替身机器人。替身机器人的三大核心技术分别是“生物信号处理”“机器人控制”“VR”。例如，利用自主开发的生物信号处理算法，检测人类的生物信号[①]，从而控制替身机器人行动。只要利用生物信号就能重现灵活的手指动作。替身机器人的身体和手臂上安装了很多可以自由扭转的关节，同时还配备了拥有真空吸力和二指抓握器的机械手等。

操作替身机器人不需要特殊的训练，凭直觉就可以熟练操作机器人的行动。操作者戴上 VR 眼镜进行操作，几乎感受不到视觉和体感的偏差。这是因为，替身机器人使用了超低延迟数据传输技术。

另外，为了不让操作者出现 VR 眩晕的情况，我们有必要提高 UI（用户界面）的舒适度。同时，也要考虑机器人的低成本量产化。此外，替身机器人还应具有不易损坏、坚固耐用、设计精巧等特点。由于替身机器人的体积比较小，因此适合很多场景使用，对环境的影响也很小。

---

① 指生物体内流动的电信号。例如，大脑发送电信号来控制双手活动。当然我们也可以反过来把“动手”的感受转变成电信号传给大脑。

在提高劳动力和生产效率的基础上，催生新业务

替身机器人可以有效缓解劳动力不足，提高生产效率。即使是高危工种也能由机器人代劳，高龄的技术专家可以远程操控，还能利用替身机器人培训新人。总有一天，一位操作者可以同时远程操作多台替身机器人。

替身机器人可以进入以下市场。截至目前，有些便利店已经开始使用替身机器人，同时替身机器人也进入了工地等高危行业。

◎ 便利店

机器人可以在狭小的店内空间完成商品上架工作。

◎ 工地等高危行业

在建筑工地等高空作业和核电站等高危工作环境中，替身机器人也能大显身手。发生自然灾害时，可以多人操作上千台替身机器人，进行沙土清除和救援工作。

◎ 航天

即使身处地球，也可以通过替身机器人成为太空酒店的工作人员。宇宙空间站和月球城市的建设工作也可以由机器人

“代劳”。

此外，用于给其他卫星补充燃料或提供修理服务的卫星也需要替身机器人技术的支持。

◎ 医疗

在医疗领域，医生可以使用小型替身机器人进入病人体内，帮病人治疗和预防疾病。

◎ 娱乐

未来，人们不再像从前一样坐在观众席上观赛，而是利用 VR 设备，共享选手的视觉，自己也能获得选手的体验，仿佛身临其境。目前 Hacosco、cluster 等企业已经开始提供虚拟空间娱乐服务。

按照日本政府的“登月型”研发策略，预计到 2050 年或更晚以后，虚拟机器人技术才会趋于成熟，或能达到让我们难以区分虚拟世界和真实世界的地步。

替身机器人

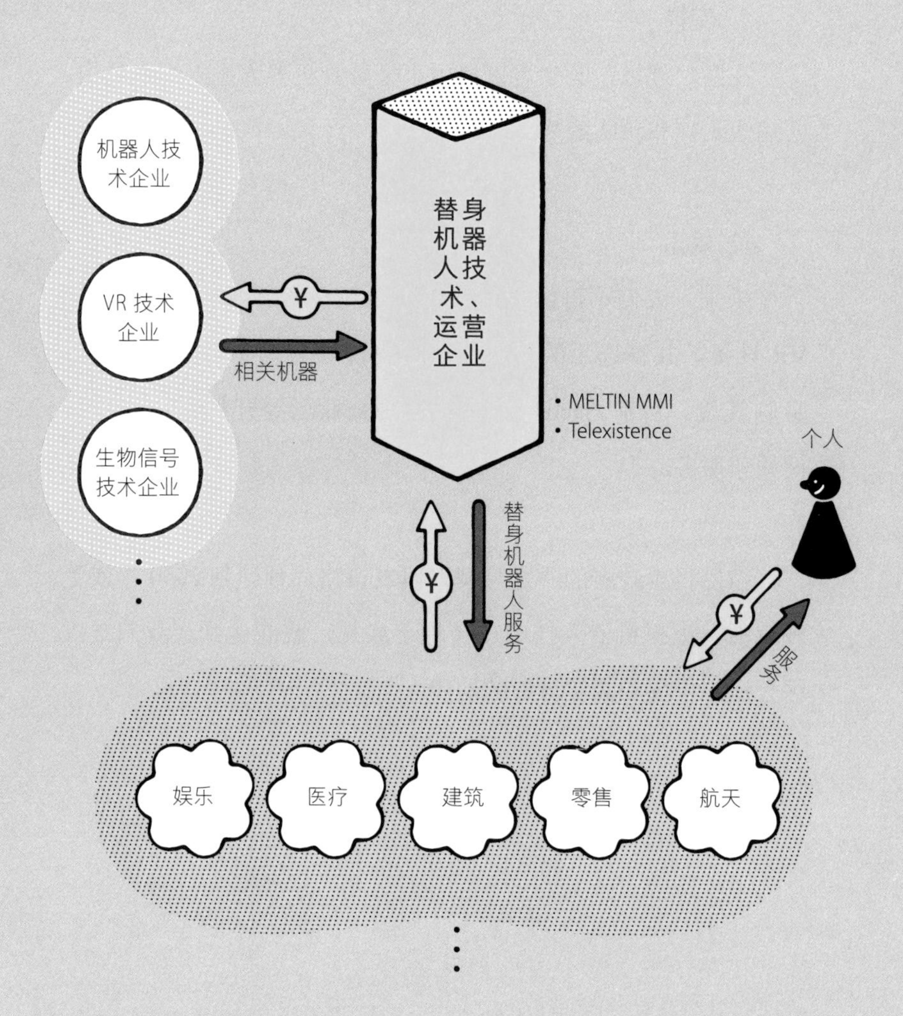
机器人技术企业
VR 技术企业
生物信号技术企业
¥
相关机器
替身机器人技术、运营企业
• MELTIN MMI
• Telexistence
个人
¥
替身机器人服务
¥
服务
娱乐
医疗
建筑
零售
航天

51

学习鱼儿水中游

模仿水生物的大型水下机器人即将问世。至于为什么要模仿水生物造型，我将在后文说明。如果实现的话，这种机器人将成为兼具节能、高速移动、安全性等优点于一身的新一代交通工具。

模仿水生物动作提高能源效率

未来我们将乘坐水下机器人在水上和水下移动。但目前市面上只有小型水下机器人。下面我来介绍一下水下机器人技术的进展。Swimming Robot 也被称为“鱼型机器人”，是模仿鱼类外形和动作的机器人。那么为什么要模仿鱼类呢？

一般来说，船舶、潜水艇的螺旋桨推进效率为40%—50%，就连特别注重推进效率的特殊螺旋桨的推进效率也只有70% 左右，从能源效率的角度来看并不完美。另外，螺旋很难快速加减速、快速转弯，而且在有藻类覆盖的河流或湖泊中也有被缠绕的风险。而水生生物造型恰能解决这些问题。通过模仿水生生物在水中游动的方式，可以让水下机器人高速和高效地移动。

德国企业 Festo 开发的“BionicFin Wave”是通过左右起伏的蓝色鳍片连续摆动来获得推力的机器人。硅胶制的左右鳍上各有 9 个小杆臂。这些杆臂由机器人本体上的两个伺服电机驱动，通过两个曲轴分别驱动两个鳍片。顺便一提，这个机器人的灵感来自海洋涡虫、乌贼、海豚等生物。

另外，MIT 的 CSAIL 正在开发名为 SoFi 的鱼型机器人。SoFi 前端分别是控制装置、浮力装置、齿轮泵、胸鳍、摄像机，尾端则是硅胶软体。

瑞士洛桑联邦理工学院也在开发蛇形机器人，日本东北大学也参与了这项研究。这个机器人的名字叫“AgnathaX”，它的脊椎动作非常流畅，宛如一条真正的蛇，简直让人难以置信。而这款机器人的研发目的是研究脊椎动物的神经系统。

水下机器人：畅游水下世界

水下机器人的商业模式可以根据目前在水上和海上的商业模式来推测。水下机器人将拓展到以下市场。

◎ 海运、商船

与空运和陆运相比，船舶具有能够运送体积大、重量大的货物的优点。使用水下机器人运输货物，可以提高推进效率和能源效率，从而实现低成本航运。

◎ 渔业、垂钓

渔船也有可能成为水下机器人（而不是现在的形状）。首先由鱼群探测器做出反应，随后用水下机器人进行搜索。这样做的好处是，在提高推进效率的同时，还能帮助渔民迅速追踪到鱼群。

◎ 深海、海底调查

如果水下机器人能够承受深海的水压，那么从机动性、能源效率的角度考虑，使用水下机器人进行深海鱼类、地形调查将会更加高效。

◎ 军事、安保

如果用水下机器人代替潜水艇，就可以完成急加减速、急转弯等动作，海上军事、安保格局也会因此发生巨变。

水下机器人的主要着眼点是在水中拍摄，了解生物的复杂动作和神经系统等，而目前还没有适合人类乘坐的大型水下机器人。但粗略估计，到 2050 年大型水下机器人即将进入人们的生活。

水下机器人

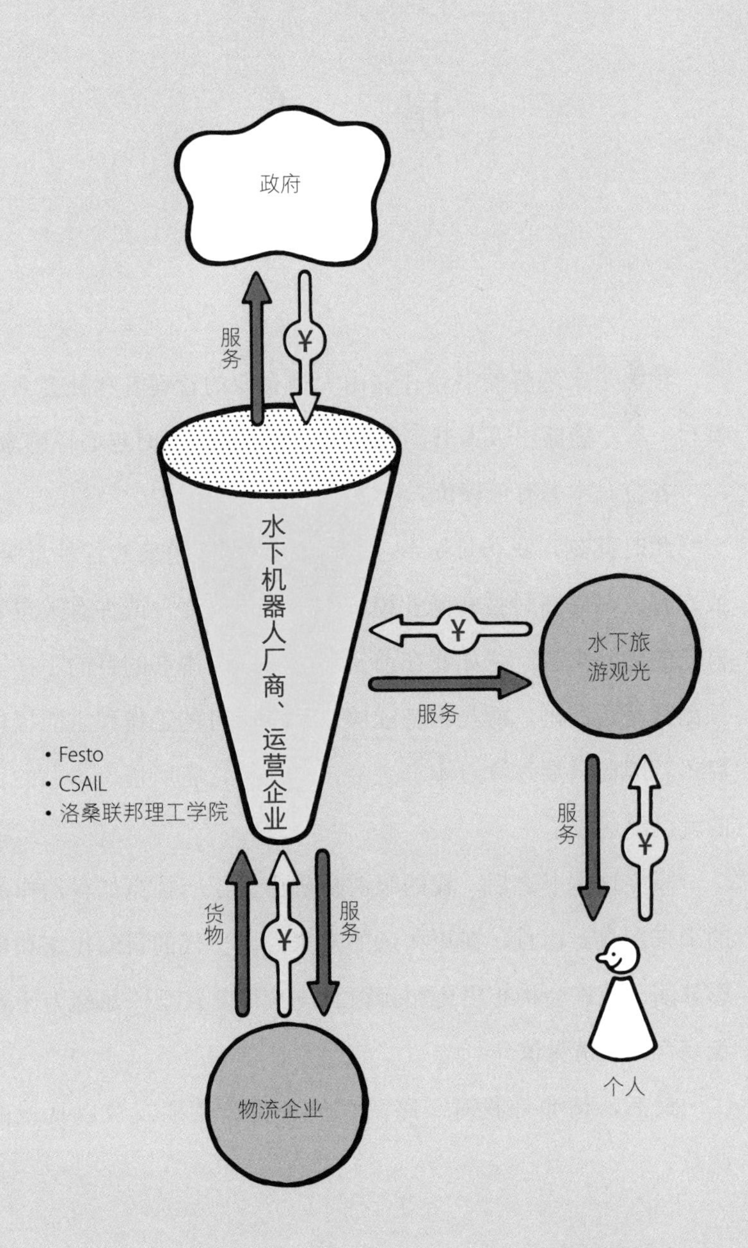
政府
服务
¥
水下机器人厂商、运营企业
¥
水下旅游观光
服务
• Festo
• CSAIL
• 洛桑联邦理工学院
服务
¥
货物
¥
服务
个人
物流企业

尾　声

预测未来趋势的书籍往往由大型企业的管理者和社会名流撰写。有幸能够出版本书，我着实受宠若惊，同时也心怀感激。

各位对本书有何评价？

此时此刻，我仿佛听到了各位读者向我抛来的各种意见。或许有人对高新科技和商业模式感到十分好奇，或许有人也有自己的独到见解。正如我在前言中所说的，本书的目的不在于预测得是否准确，而是希望能够为各位读者的工作和生活提供启示。因此只要你读过本书之后，有所思，有所悟，本书的目的就已经达成了。

写完这本书之后，我的眼前仿佛出现了一幅宛如科幻作品的未来图景。而且，在更久远的未来，下一代的科幻作家和电影导演，或许会构想出更加新颖的技术和世界吧！思绪万千难免妄言，还请见谅。

最后，请允许我对一路陪伴的各位读者朋友致以真诚的谢意！

参考文献

1 株式会社 ALE ………… https://star-ale.com/

2 株式会社イノフィス ………… https://innophys.jp/
CYBERDYNE 株式会社 ………… https://www.cyberdyne.jp/
株式会社 ATOUN（あとうん）………… https://atoun.co.jp/

3 株式会社ネクストシステム ………… https://www.next-system.com/virtualfashion
楽天グループ株式会社 ………… https://corp.rakuten.co.jp/news/update/2018/0723_01.html
ななし株式会社 ………… https://karitoke.jp/top
objcts.io ………… https://objcts.io/
株式会社 Sapeet ………… https://about.sapeet.com/
株式会社 Psychic VR Lab ………… https://psychic-vr-lab.com/service/
Alibaba Group（Youtube）………… https://www.youtube.com/watch?v=-HcKRBKlilg
株式会社 HIKKY ………… https://www.hikky.life/
株式会社エスキュービズム ………… https://ec-orange.jp/vr/
株式会社ハコスコ ………… https://hacosco.com/2017/01/cnsxhacosco/
イーベイ・ジャパン株式会社
（PR TIMES）………… https://prtimes.jp/main/html/rd/p/000000009.000015238.html
kabuki ペディア（Twitter）………… https://twitter.com/kabukipedir
株式会社エアークローゼット ………… https://corp.air-closet.com/
株式会社ストライプインターナショナル ………… https://mechakari.com/
株式会社グラングレス ………… https://www.rcawaii.com/

4 Mink ………… https://www.minkbeauty.com/
パナソニック株式会社 ………… https://www.panasonic.com/jp/corporate/brand/story/makeup.html
The Procter & Gamble Company ………… https://www.pgcareers.com/opte
FOREO ………… https://www.foreo.com/institute/moda

5 日本電気株式会社 ………… https://jpn.nec.com/techrep/journal/g18/n02/180220.html
富士通株式会社 ………… https://www.fujitsu.com/downloads/JP/microsite/fujitsutransformationnews/journal-archives/pdf/2020-05-25-01.pdf
株式会社 Singular Perturbations ………… https://www.singularps.com/

6 日本電気株式会社 ………… https://jpn.nec.com/rd/technologies/201805/index.html
エヌ・ティ・ティ・コミュニケーションズ株式会社 ………… https://www.ntt.com/about-us/press-releases/news/article/2021/0819.html

株式会社デジタルガレージ …… https://www.garage.co.jp/ja/
〃 …… https://www.garage.co.jp/ja/pr/release/2021/02/20210218/
株式会社 ZenmuTech …… https://www.zenmutech.com/
株式会社 Acompany …… https://acompany.tech/
〃 …… https://acompany.tech/news/meidai-hos_acompany/
EAGLYS 株式会社 …… https://www.eaglys.co.jp/

7 国立研究開発法人 情報通信研究機構 …… https://www8.cao.go.jp/space/comittee/27-anpo/anpo-dai27/siryou3.pdf
株式会社 東芝 …… https://www.global.toshiba/jp/technology/corporate/rdc/rd/topics/21/2110-01.html
〃 …… https://www.global.toshiba/jp/technology/corporate/rdc/rd/topics/21/2108-02.html

8 株式会社スペースデータ …… https://spacedata.ai/ja.html#home
Symmetry Dimensions Inc. …… https://symmetry-dimensions.com/jp/

9 Keigo Matsumoto …… https://www.cyber.t.u-tokyo.ac.jp/~matsumoto/unlimitedcorridor.html
Infinite Stairs（youtube） …… https://www.youtube.com/watch?v=s6Lv6HQCvZ8
HTC …… https://www.vive.com/jp/accessory/vive-tracker/

10 Wyss Institute …… https://wyss.harvard.edu/media-post/lung-on-a-chip/
Fraunhofer Institute for Material and Beam Technology IWS Dresden …… https://www.iws.fraunhofer.de/en/newsandmedia/press_releases/2018/presseinformation_2018-13.html
国立研究開発法人
日本医療研究開発機構（AMED） …… https://www.amed.go.jp/program/list/13/01/004.html

11 Oura Health …… https://ouraring.com/
株式会社グレースイメージング …… https://www.gr-img.com/
株式会社シーエーシー …… https://www.cac.co.jp/news/topics_190123.html
Astinno …… https://www.gracecooling.com/
Nature Biomedical Engineering volume 4, pages624-635 (2020) …… https://www.nature.com/articles/s41551-020-0534-9

12 不二製油株式会社 …… https://www.fujioil.co.jp/product/soy/
マルコメ株式会社 …… https://www.marukome.co.jp/daizu_labo/
ベースフード株式会社 …… https://basefood.co.jp/
Huel …… https://jp.huel.com/

13 Takuji Narumi …… https://www.cyber.t.u-tokyo.ac.jp/~narumi/metacookie.html

参考文献

Food Research International, Volume 117, March 2019, Pages 60-68 ········ https://www.sciencedirect.com/science/article/abs/pii/S0963996918303983

明治大学 ········ https://www.meiji.ac.jp/koho/press/6t5h7p0000342664.html

〃 ········ https://www.meiji.ac.jp/koho/press/6t5h7p00001d4hfr.html

Michel/Fabian ········ http://www.michelfabian.com/goute/

14 Natural Machines ········ https://www.naturalmachines.com/foodini

Moley Robotics ········ https://moley.com/

Wide Afternoon ········ https://ovie.life/

Redwire ········ https://redwirespace.com/products/amf/

15 Xenoma ········ https://xenoma.com/products/eskin-sleep-lounge/

株式会社フィリップス・ジャパン ········ https://www.philips.co.jp/c-e/hs/smartsleep/deep-sleep-headband.html

MOONA ········ https://en.getmoona.com/

SWANSWAN ········ https://www.swanswan.info/

16 ANTCICADA ········ https://antcicada.com/

株式会社良品計画 ········ https://www.muji.com/jp/ja/feature/food/460936

株式会社 ODD FUTURE ········ https://www.oddfuture.net/

株式会社 BugMo ········ https://bugmo.jp/

TAKEO 株式会社 ········ https://takeo.tokyo/

株式会社グリラス ········ https://gryllus.jp/

17 株式会社 SkyDrive ········ https://skydrive2020.com/

テトラ・アビエーション株式会社 ········ https://www.tetra-aviation.com/

eVTOL Japan 株式会社 ········ https://www.evtoljapan.com/

Eve ········ https://eveairmobility.com/

Halo ········ https://www.fly-halo.com/

BAE Systems ········ https://www.baesystems.com/en/home

Lockheed Martin ········ https://www.lockheedmartin.com/

L3Harris ········ https://www.l3harris.com/

18 HyperStealth Biotechnology ········ https://www.hyperstealth.com/

東京大学 先端科学技術研究センター 身体情報学分野 稲見研究室 ········ https://star.rcast.u-tokyo.ac.jp/opticalcamouflage/

Science, Volume 314, Issue 5801, pp.977-980（2006）

19 宮崎大学 ········ http://www.miyazaki-u.ac.jp/mech/mprogram/20210525_01_press.pdf

	QD Laser	https://www.qdlaser.com/
20	University of Colorado Boulder	https://www.colorado.edu/today/2021/02/10/thermoelectric
	東京工業大学	https://www.titech.ac.jp/news/2020/048227
	大阪大学	https://resou.osaka-u.ac.jp/ja/research/2018/20180618_1
	早稲田大学	https://www.waseda.jp/top/news/59829
	静岡大学 電子工学研究所	https://www.rie.shizuoka.ac.jp/pdf/2016/p/P-34.pdf
	MATRIX	https://www.powerwatch.com/pages/power-watch-japan
21	日立造船株式会社	https://www.hitachizosen.co.jp/business/field/water/desalination.html
	University of California, Berkeley	https://news.berkeley.edu/2019/08/27/water-harvester-makes-it-easy-to-quench-your-thirst-in-the-desert/
	SOURCE	https://www.source.co/
	WOTA 株式会社	https://wota.co.jp/
	宇宙航空研究開発機構（JAXA）	https://iss.jaxa.jp/iss/ulf2/mission/payload/mplm/#wrs
	栗田工業株式会社	https://www.kurita.co.jp/aboutus/press190724.html
	Gateway Foundation	https://gatewayspaceport.com/
22	MIT Media Lab	https://www.media.mit.edu/
	Affectiva	https://www.affectiva.com/
23	Sylvester.ai	https://www.sylvester.ai/cat-owners
	モントリオール大学	https://ja.felinegrimacescale.com/
	日本電気株式会社	https://jpn.nec.com/press/202109/20210928_01.html
	Anicall	https://www.anicall.info/
24	SpaceX	https://www.spacex.com/vehicles/starship/
	〃	https://www.spacex.com/updates/inspiration4/index.html
	Virgin Galactic	https://www.virgingalactic.com/
	Blue Origin	https://www.blueorigin.com/news/first-human-flight-updates
25	Virign Hyperloop	https://virginhyperloop.com/
	Hyperloop TT	https://www.hyperlooptt.com/
	Delft Hyperloop	https://www.delfthyperloop.nl/
	MIT Hyperloop	https://www.mithyperloop.mit.edu/
	日立製作所	https://www.hitachi.co.jp/
26	Gravity Industries	https://gravity.co/
27	株式会社 NTT ドコモ	https://docomo-openhouse.jp/2020/exhibition/panels/B-06.pdf
	Xiaomi	https://blog.mi.com/en/2021/01/29/forget-about-cables-and-charging-stands-with-revolutionary-mi-air-charge-technology/

参考文献

东京大学 川原研究室 …… https://www.akg.t.u-tokyo.ac.jp/archives/2334

28 Astroscale …… https://astroscale.com/ja/

ClearSpace …… https://clearspace.today/

D-Orbit …… https://www.dorbit.space/

Starfish Space …… https://www.starfishspace.com/

株式会社スカパー JSAT ホールディングス …… https://www.skyperfectjsat.space/news/detail/sdgs.html

株式会社 ALE …… https://star-ale.com/technology/

29 东京大学生産技術研究所 …… https://www.iis.u-tokyo.ac.jp/ja/news/3567/

Lancaster University …… https://www.lancaster.ac.uk/news/vegetables-could-hold-the-key-to-stronger-buildings-and-bridges

Chip[s]Board …… https://www.chipsboard.com/

Mapúa University …… https://www.mapua.edu.ph/News/article.aspx?newsID=2148

30 LESS TECH …… https://www.lesstech.jp/

IEEE（Draper）…… https://spectrum.ieee.org/drapers-genetically-modified-cyborg-dragonfleye-takes-flight

University of California, Berkeley …… https://news.berkeley.edu/2015/03/16/beetle-backpack-steering-muscle/

31 高知工科大学 …… https://www.kochi-tech.ac.jp/power/research/post_35.html

気象庁 …… https://www.jma.go.jp/jma/index.html

32 StartRocket …… https://theorbitaldisplay.com/

33 MIT Media Lab …… https://www.media.mit.edu/projects/sleep-creativity/press-kit/

34 东京大学医科学研究所 …… https://www.ims.u-tokyo.ac.jp/imsut/jp/about/press/page_00065.html

Harvard Medical School …… https://sinclair.hms.harvard.edu/research

〃 …… https://hms.harvard.edu/news/rewinding-clock

Unity Biotechnology …… https://unitybiotechnology.com/

BioAge …… https://bioagelabs.com/

Calico …… https://www.calicolabs.com/

35 京都大学 …… https://www.kyoto-u.ac.jp/sites/default/files/2021-09/20210824-ueda-93feaa9c0cdd2bbb40851ac54ed503a8.pdf

〃 …… https://www.kyoto-u.ac.jp/sites/default/files/embed/jaresearchresearch_results2015documents150722_201.pdf

Pivot Bio ··· https://www.pivotbio.com/

つばめ BHB 株式会社 ··· https://tsubame-bhb.co.jp/news/press-release/2020-10-22-1644

国立研究開発法人
産業技術総合研究所 ··· https://www.aist.go.jp/aist_j/press_release/pr2014/pr20140918/pr20140918.html

Reaction Engines ··· https://www.reactionengines.co.uk/news/news/reaction-engines-stfc-engaged-ground-breaking-study-ammonia-fuel-sustainable-aviation-propulsion-system

36 早稲田大学 ··· https://www.waseda.jp/top/news/22187

国立研究開発法人
物質・材料研究機構 ··· https://www.nims.go.jp/news/press/2017/12/201712210.html

Delft University of Technology ··· https://repository.tudelft.nl/islandora/object/uuid:8326f8b3-a290-4bc5-941d-c2577740fb96?collection=research

東京大学 ··· https://www.t.u-tokyo.ac.jp/shared/press/data/setnws_201712151126279241637212_338950.pdf

理化学研究所 ··· https://www.riken.jp/press/2021/20211111_1/index.html

37 Neuralink ··· https://neuralink.com/

Meta ··· https://about.facebook.com/ja/

38 SpaceX ··· https://www.starlink.com/

OneWeb ··· https://oneweb.net/

Amazon ··· https://www.amazon.jobs/en-gb/teams/projectkuiper

China Aerospace Science and
Technology Corporation ··· http://english.spacechina.com/n16421/index.html

39 石油天然ガス・金属鉱物資源機構
(JOGMEC) ··· https://mric.jogmec.go.jp/news_flash/20080129/22541/

Journal of Environmental
Biotechnology
(環境バイオテクノロジー学会誌)
Vol. 11, No. 1 · 2, 39-46, 2011 ··· https://www.jseb.jp/wordpress/wp-content/uploads/11-12-039.pdf

ESA ··· https://www.esa.int/ESA_Multimedia/Images/2019/03/BioRock

40 福岡工業大学 ··· https://www.fit.ac.jp/juken/fit_research/archives/7

国立研究開発法人 新エネルギー
産業技術総合開発機構 ··· https://www.nedo.go.jp/news/press/AA5_101473.html

参考文献

41 Virgin Galactic …… https://www.virgingalactic.com/
Blue Origin …… https://www.blueorigin.com/
SpaceX …… https://www.spacex.com/
Bigelow Aerospace …… https://bigelowaerospace.com/
Axiom Space …… https://www.axiomspace.com/
Space Perspective …… https://www.spaceperspective.com/
World View …… https://worldview.space/
KuangChi Science …… http://www.kuangchiscience.com/cloud?lang=en#B
SPACE BALLOON …… https://www.spaceballoon.co.jp/
42 SpaceWorks …… https://www.nasa.gov/sites/default/files/files/Bradford_2013_PhI_Torpor.pdf
ESA …… https://www.esa.int/Enabling_Support/Space_Engineering_Technology/Hibernating_astronauts_would_need_smaller_spacecraft
43 清水建設株式会社 …… https://www.shimz.co.jp/topics/dream/content01/
44 大学共同利用機関法人
自然科学研究機構
核融合科学研究所（NIFS）…… https://www.nifs.ac.jp/
国立研究開発法人
量子科学技術研究開発機構（QST）…… https://www.qst.go.jp/site/fusion/
General Fusion …… https://generalfusion.com/
Helion Energy …… https://www.helionenergy.com/
45 宇宙システム開発利用推進機構
(JSS) …… https://www.jspacesystems.or.jp/project/observation/ssps/
京都大学 篠原研究室 web …… http://space.rish.kyoto-u.ac.jp/shinohara-lab/index.php
46 Thoth Technology …… http://thothx.com/home
47 横浜国立大学先端科学高等研究院
台風科学技術研究センター …… https://trc.ynu.ac.jp/
48 Climeworks …… https://climeworks.com/
Hypergiant Industries …… https://www.hypergiant.com/
Air Company …… https://aircompany.com/
49 IBM …… https://www.ibm.com/jp-ja/quantum-computing
Microsoft …… https://azure.microsoft.com/ja-jp/services/quantum/#product-overview

Intel	https://www.intel.com/content/www/us/en/newsroom/resources/press-kits-quantum-computing.html#gs.hs6vnl
Alibaba	https://damo.alibaba.com/labs/quantum
D-wave	https://dwavejapan.com/
〃	https://dwavejapan.com/app/uploads/2019/12/Final_D-Wave_DENSO_case_study_2019_11_22.pdf
日本電気株式会社	https://jpn.nec.com/quantum_annealing/index.html
豊田通商株式会社	https://www.toyota-tsusho.com/press/detail/171213_004075.html
50 MELTIN MMI	https://www.meltin.jp/
Telexistence	https://tx-inc.com/ja/top/
51 Festo	https://www.festo.com/gb/en/e/about-festo/research-and-development/bionic-learning-network/bionicfinwave-id_32779/
MIT CSAIL	https://www.csail.mit.edu/research/sofi-soft-robotic-fish
Swiss Federal Institute of Technology in Lausanne	https://www.epfl.ch/labs/biorob/research/amphibious/agnathax/